AutoCAD
实操技术

樊培利　著

中国水利水电出版社
www.waterpub.com.cn
·北京·

内 容 提 要

本书是在高职高专工程图学课程和 CAD 课程的教学过程中不断探究，并结合多年的课程教学改革和建设成果及经验撰写而成的。

本书共 10 章，内容包括绘图环境、基本技能、水利工程图、房屋建筑图、道路工程图、机械图、园林工程图、钢筋图、三维实体模型和常用操作。

本书适应于测绘工程、机电工程、土木工程、水利工程和园林工程等专业人员使用；也可作为计算机应用专业、工程技术人员和自学者的参考书。

图书在版编目（ＣＩＰ）数据

AutoCAD实操技术 ／ 樊培利著. -- 北京 ： 中国水利
水电出版社，2017.1（2018.2重印）
ISBN 978-7-5170-5122-0

Ⅰ．①A… Ⅱ．①樊… Ⅲ．①AutoCAD软件 Ⅳ．
①TP391.72

中国版本图书馆CIP数据核字(2017)第006958号

书　　名	**AutoCAD 实操技术** AutoCAD SHICAO JISHU	
作　　者	樊培利　著	
出版发行	中国水利水电出版社 （北京市海淀区玉渊潭南路 1 号 D 座　100038） 网址：www.waterpub.com.cn E-mail：sales@waterpub.com.cn 电话：（010）68367658（营销中心）	
经　　售	北京科水图书销售中心（零售） 电话：（010）88383994、63202643、68545874 全国各地新华书店和相关出版物销售网点	
排　　版	中国水利水电出版社微机排版中心	
印　　刷	天津嘉恒印务有限公司	
规　　格	184mm×260mm　16 开本　16.25 印张　385 千字	
版　　次	2017 年 1 月第 1 版　2018 年 2 月第 2 次印刷	
印　　数	3001—5000 册	
定　　价	**35.00 元**	

前　言

　　本书是在高职高专工程图学课程和 CAD 课程的教学过程中不断探究，并结合多年来的课程教学改革和建设的成果及经验的基础上撰写而成的。

　　本书结合工程实际和各类不同专业图样的特征，注重基础理论以及实用技术的研究与探讨，使读者尽快掌握、强化应用和培养技能为重点。本书采用我国最新技术制图标准、水利水电工程制图标准、机械制图标准、建筑制图标准、园林制图标准和最新的 CAD 软件，详细地论述了实用操作技术。

　　本书结合工程图纸的实际操作过程，以培养实操技术为主，体现出实用性、实践性、创新性的特色，是理论联系实际、面向生产实际、培养实用型技术人才的一本好书。

　　全书采用最新 CAD 软件和计算机绘图标准。力求使图样规范化、标准化，在内容上注重扩大专业知识面；力求综合运用基本知识和技能，以解决工程实际问题。

　　由于水平所限，书中存在的缺点和疏漏恳请广大读者批评指正。

作　者

2017 年 1 月

目　录

绪　　论

1. CAD 技术简介

计算机辅助设计（Computer Aided Design，CAD）是电子计算机技术应用于工程领域产品设计的新兴交叉技术。其定义为：CAD 是计算机系统在工程和产品设计的整个过程中，为设计人员提供各种有效的工具和手段，加快设计过程，优化设计结果，从而达到最佳设计效果的一种技术。

计算机辅助设计包含的内容很多，如概念设计、工程绘图、三维设计、优化设计、有限元分析、数控加工、计算机仿真及产品数据管理等。在工程设计中，许多繁重的工作，如复杂的数学和力学计算、多种方案的综合分析与比较、绘制工程图及整理生产信息等，均可借助计算机来完成。设计人员则可对处理的中间结果做出判断和修改，以便更有效地完成设计工作。一个好的计算机辅助设计系统，既要有利用计算机进行高速分析计算的能力，又要能充分发挥人的创造性作用，即找到人和计算机的最佳结合点。

（1）CAD 技术发展历程。CAD 技术起始于 20 世纪 50 年代后期。进入 20 世纪 60 年代，随着绘图在计算机屏幕上变为可行而开始迅猛发展。早期的 CAD 技术主要体现为二维计算机辅助绘图，人们借助此项技术来摆脱繁琐、费时的手工绘图。这种情况一直持续到 20 世纪 70 年代末，此后计算机辅助绘图作为 CAD 技术的一个分支而相对独立、平稳地发展着。进入 20 世纪 80 年代以来，32 位微机工作站和微机系统的发展与普及，再加上功能强大的外围设备，如大型图形显示器、绘图仪及激光打印机等的问世，极大地推动了 CAD 技术的发展。与此同时，CAD 理论也经历了几次重大的创新，形成了曲面造型、实体造型、参数化设计及变量化设计等系统。CAD 软件已经做到设计与制造过程的集成，不仅可进行产品的设计计算和绘图，而且能实现自由曲面设计、工程造型、有限元分析、机构仿真及模具设计制造等各种工程应用。现在的 CAD 技术已全面进入实用化阶段，广泛服务于机械、建筑、电子、宇航及纺织等领域的产品总体设计、造型设计、结构设计及工艺过程设计等各环节。

（2）CAD 系统的组成。CAD 系统由硬件和软件组成；要充分发挥 CAD 的作用，就要有高性能的硬件和功能强大的软件。

硬件是 CAD 系统的基础，由计算机及其外围设备组成。计算机分为大型机、工程工作站及高档微机等，目前应用较多的是 CAD 工作站及微机系统。外围设备包括鼠标、键盘、数字化仪、扫描仪等输入设备和显示器、打印机及绘图仪等输出设备。

软件是 CAD 系统的核心，分为系统软件和应用软件。系统软件包括操作系统、计算机语言、网络通信软件及数据库管理软件等。应用软件包括 CAD 支撑软件和用户开发的 CAD 专用软件，如常用数学方法库、常规设计计算方法库、优化设计方法库、产品设计软件包及机械零件设计计算库等。

2. 典型 CAD 软件

目前，CAD 软件主要运行在工作站及微机平台上。工作站虽然性能优越，图形处理速度快，但价格却十分昂贵，这在一定程度上限制了 CAD 技术的推广。随着 Pentium 芯片和 Windows 系统的发展，以前只能运行在工作站上的著名 CAD 软件（如 UG、Pro/E 等）现在已可以运行到微机上了。

20 世纪 80 年代以来，国际上推出了一大批通用 CAD 集成软件。在实际工程中最常用的还是 AutoCAD 软件。

（1）AutoCAD 的发展。AutoCAD 是美国 Autodesk 公司开发研制的一种通用计算机辅助设计软件包，它在设计、绘图及相互协作等方面展示了强大的技术实力。由于其具有易于学习、使用方法方便及体系结构开放等优点，因而深受广大工程技术人员的喜爱。

Autodesk 公司在 1982 年推出了 AutoCAD 的第一个版本 V1.0，随后经由 V2.6、R9、R10、R12、R13、R14、2000 等典型版本，发展到目前最新的 AutoCAD2016 版和 AutoCAD2017 版。在这 30 多年的时间里，AutoCAD 产品在不断适应计算机硬件发展的同时，自身功能也日益增强且趋于完善。早期的版本只是绘制二维图的简单工具，画图过程也非常慢，但现在 AutoCAD 已经集成平面绘图、三维造型、数据库管理、渲染着色及连接互联网等功能与一体，并提供了丰富的工具集。这些功能使用户不仅能够轻松快捷的进行设计工作，而且还能方便地重复利用各种已有数据，从而极大地提高了设计效率。如今 AutoCAD 在机械、建筑、电子、纺织、地理及航空等领域得到了广泛的使用。Auto-CAD 在全世界 150 多个国家和地区广为流行，占据了近 75% 的国际 CAD 市场。此外，全球现有上千家 AutoCAD 授权培训中心，有近 3000 家独立的增值开发商以及 4000 多种基于 AutoCAD 的各类专业应用软件。可以这样说，AutoCAD 已经成为微机 CAD 系统的标准，而 DWG 格式文件也已经成为工程设计人员交流思想的公共语言。

（2）AutoCAD 的特点。AutoCAD 软件与其他 CAD 软件相比较，具有以下明显的特点：

• 直观的用户界面、下拉菜单、图标及易于使用的对话框等。

• 丰富的二维绘图、编辑命令及建模方式新颖的三维造型功能。

• 多样的绘图方式、可以通过交互方式绘图，也可通过编程自动绘图。

• 能够对光栅图像和矢量图形进行混合编辑。

• 产生具有照片真实感的着色，且渲染速度快、质量高。

• 多行文字编辑器与标准 Windows 系统下文字处理的工作方式相同，并支持 Windows 系统的 TrueType 字体。

• 数据库操作方便且功能完善。

• 强大的文件兼容性，可以通过标准的或专用的数据格式与其他 CAD/CAM 系统交换数据。

• 提供了许多 Internet 工具，使用户可以通过 AutoCAD 在 Web 上打开、插入或保存图形。

• 开放的体系结构，为其他开发商提供了多元化的开发工具。

（3）AutoCAD 的基本功能。AutoCAD 是发当今最流行的二维绘图软件，下面介绍它的一些基本功能。

- 平面绘图。能以多种方式创建直线、圆、椭圆、多边形及样条曲线等基本图形对象。

- 绘图辅助工具。AutoCAD 提供正交、极轴、对象捕捉及对象追踪等绘图辅助工具。正交功能使用户可以很快方便的绘制水平和竖直直线，对象捕捉可帮助拾取几何对象上的特殊点，而追踪功能使画斜线及沿不同方向定位点变得更加容易。

- 编辑图形。AutoCAD 具有强大的编辑功能，可以移动、复制、旋转、阵列、拉伸、延长、修剪及缩放对象等。

- 尺寸标注。可以创建多种类型尺寸，标注外观可以自行设定。

- 文字书写。能轻易地在图形的任何位置和沿任何方向书写文字，可设定文字字体、倾斜角度及宽度缩放比例等属性。

- 图层管理功能。图形对象都位于某一图层上，可设定图层颜色、线型及线宽等特性。

- 三维绘图。可创建 3D 实体及表面模型，能对实体本身进行编辑。

- 网络功能。可将图形在网络上发布或是通过网络访问 AutoCAD 资源。

- 数据交换。AutoCAD 提供了多种图形图像数据交换格式及相应命令。

- 二次开发。AutoCAD 允许用户自定义菜单和工具栏，并能利用内嵌语言 Autolisp、Visual Lisp、VBA、ADS 及 ARX 等进行二次开发。

第1章 绘 图 环 境

　　一般情况下，采用默认的 A3 图幅来绘图，但经常也需要采用其他幅面的图纸来绘制较复杂的工程图。这就要求在绘图之前，首先考虑绘图的单位和精度，然后再根据实际需要设置适当的图形界限，以控制绘图范围，同时还要设置好图层。通常把这个操作过程叫做绘图环境设置。本章从实际出发，重点论述对绘图环境所进行的必要设置，并严格按照制图标准的要求进行设置。

1.1　图层设置

　　首先打开软件，然后按照表 1.1 中的要求设置图层。

表 1.1　　　　　　　　　　　　　　　　图 层 设 置

图　层	颜色（色号）	线　　型	线宽/mm
细实线	黑/白（7）	Continuous	0.18
粗实线	红色（1）	Continuous	0.70
虚线	青色（4）	ISO02W100	0.35
点画线	品红（6）	Center2	0.18
剖面线	蓝色（5）	Continuous	0.18
文字尺寸	绿色（3）	Continuous	0.18
中实线	紫色（202）	Continuous	0.35

　　输入图层命令（LA）并按回车键（大多数时候可以使用空格键代替回车键以提高绘图速度），可以打开图层特性管理器，如图 1.1 所示，其中默认的 0 层不变，连续单击

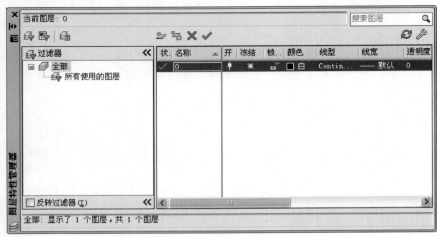

图 1.1　"图层特性管理器"对话框

"新建"按钮（或按 Alt＋N 组合键）新建 7 个图层，如图 1.2 所示，可用双击的方法修改图层名使之与表 1.1 相符，如图 1.3 所示。

图 1.2　新建图层

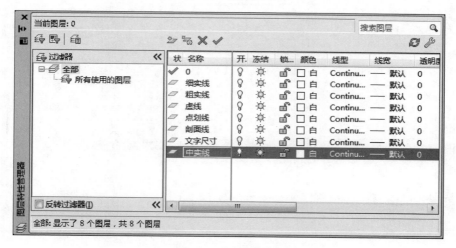

图 1.3　修改图层名

　　单击"颜色"列中的"白"以改变每个图层的颜色，如图 1.4 所示（在这里可以直接输入颜色对应的编号并按回车键），最终调整完毕如图 1.5 所示。

　　单击"Continuous"修改线型（只需修改虚线和点画线），如图 1.6 所示，在"选择线型"对话框中没有需要的线型时，单击下面的"加载"按钮加载线型（可先选择 ISO02W100，然后按住 Ctrl 键将 CENTER2 也选中并单击"确定"按钮，可一次加载多个线型），如图 1.7 所示。

　　将虚线与点画线图层的线型更改，如图 1.8 所示。

　　单击每个图层"线宽"列的"默认"后，对照表 1.1 将线宽按要求进行修改，如图 1.9 所示。

　　图层设置完毕，如图 1.10 所示，单击"关闭"按钮。

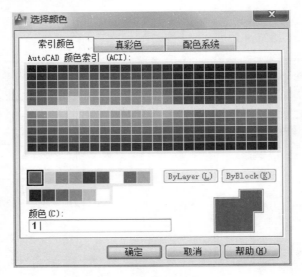

图 1.4 "选择颜色"对话框

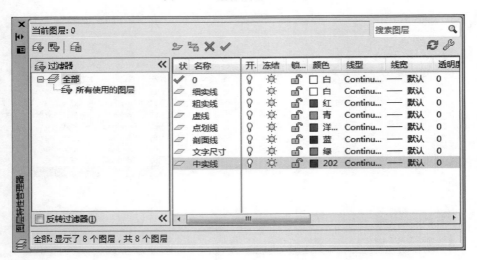

图 1.5 设置图层颜色

图 1.6 "选择线型"对话框   图 1.7 "加载或重载线型"对话框

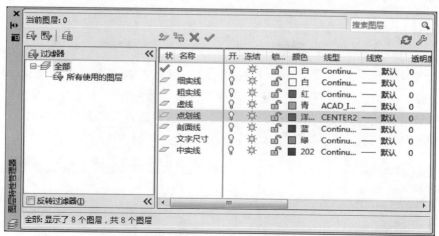

图 1.8　更改线型

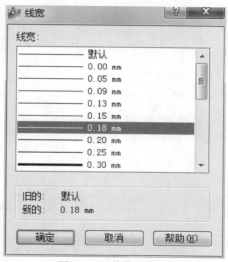

图 1.9　"线宽"修改

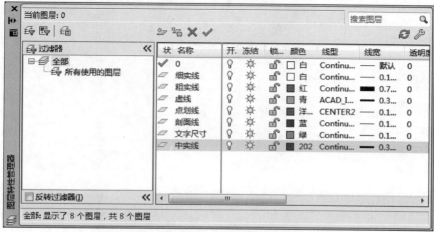

图 1.10　完成图层设置

1.2　文字样式

打开"文字样式"对话框，输入快捷命令 ST（注意在输入命令和数据时应当在英文输入法状态下），如图 1.11 所示，单击"新建"按钮，输入"汉字"并按回车键，"字体名"选择"仿宋"（注意去掉"使用大字体"复选框的勾选，即不使用大字体），"宽度因子"文本框中输入"0.7"，完成后单击"应用"按钮，如图 1.12 所示。

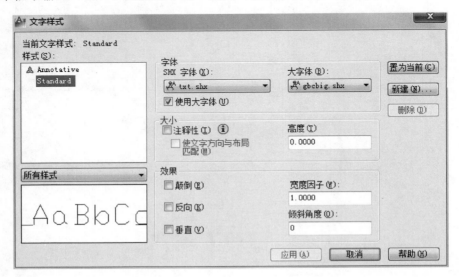

图 1.11　"文字样式"对话框

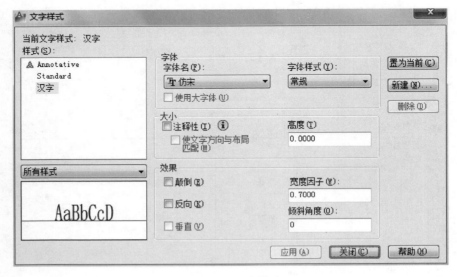

图 1.12　汉字样式

单击"新建"按钮输入"数字和字母"并按回车键，在"SHX 字体"下拉列表框中选择"gbeitc. shx"（也可以先双击，然后在英文状态下快速输入"g"和"b"就可以直接完成选择），在"大字体"下拉列表框中选择"gbcbig. shx"（注意要勾选"使用大字体"复选框，同样可以采用输入字母"g"的方式快速选择），"宽度因子"调整为"1"，完成后单击"应用"按钮，如图 1.13 所示。

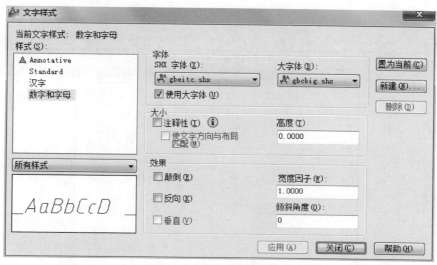

图 1.13　数字和字母样式

1.3　图幅和图框

在图层工具栏中选择细实线图层绘制图幅线，输入矩形命令（REC），在第一个角点处输入坐标"0，0"并按回车键（注意在英文输入法状态下），在另一个角点处输入坐标"420，297"并按回车键。完成后用"滑轮"双击使图形全部显示，如图 1.14 所示。

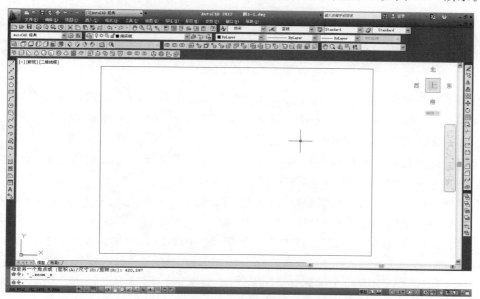

图 1.14　绘制图幅线

同样的方法选择粗实线图层绘制图框线，使用矩形命令（REC），在第一个角点处输入坐标"25，5"并按回车键（注意关闭下方的动态输入 ），在另一个角点处输入坐标"415，292"并按回车键，如图 1.15 所示。

图 1.15 绘制图框线

注意：上述是默认 A3 的图幅界限来绘制图幅线和图框线的，如果需要采用其他幅面的图纸来绘制较复杂的工程图，就需要根据实际，用 LIMITS 命令设置适当的图形界限，以控制绘图范围。

1.4 标题栏

使用粗实线图层，输入直线命令（L），从图框右下角点向上追踪，用键盘输入距离"61"并按回车键，鼠标水平向左移并输入距离"90"按回车键，鼠标向下捕捉垂足与图框线垂直相交并按回车键，如图 1.16 所示。

按住鼠标滚轮将标题栏移至屏幕中央，将滑轮向上滚动，使图形放大显示以便作图（可重复多次，直至满意为止），如图 1.17 所示。

选择细实线图层，输入直线命令（L）绘制分格线，从标题栏左上角点向下追踪 12，水平向右绘制分格线与粗实线相交。

使用复制命令（CO 或 CP），选中所作分格线按回车键，单击左侧端点作为基点，向下分别输入距离"7"按回车键、输入"14"按回车键、输入"21"按回车键、输入"28"按回车键、输入"35"按回车键、输入"42"按回车键，按回车键结束，结果如图 1.18 所示。

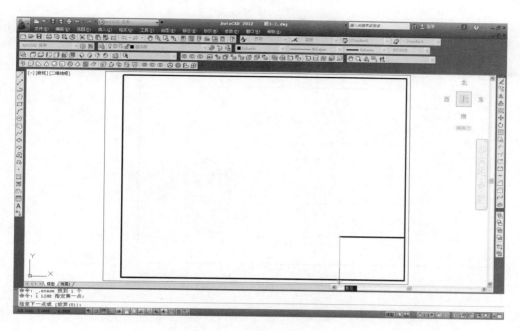

图 1.16　绘制标题栏外框

图 1.17　居中显示标题栏

　　同样的方法作铅垂方向的分格线。先使用直线命令和追踪的方法画出左侧第一条铅垂分格线，然后将该线水平向右分别复制"10""20""30""45"，如图 1.19 所示。

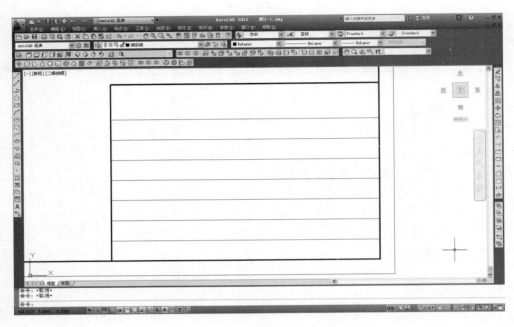

图 1.18　绘制水平分格线

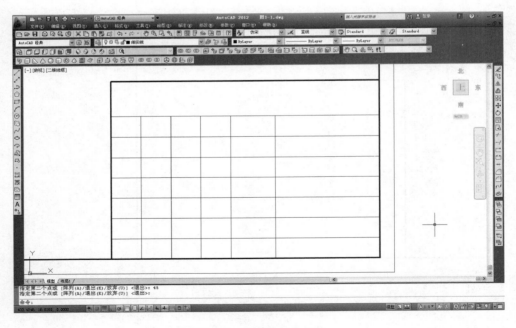

图 1.19　绘制铅垂分格线

使用修剪命令（TR 输完后按两次回车键以选择所有对象），用靶框单击多余的线，如图 1.20 所示。

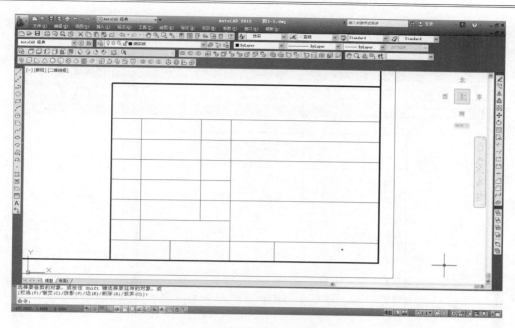

图 1.20　修剪分格线

选择文字尺寸图层，输入多行文字命令（T），分别单击矩形的两个角点，选择"汉字"，输入字高"5"并按回车键，在下方输入文字"水利职业技术学院"，选择"居中"，完成后单击文本框外任意一点（文字位置不合适时，可使用移动命令适当调整），如图 1.21 所示。

图 1.21　输入文字

如上所述，在下面的空格中书写文字"核定"（字高 3.5），完成后可采用复制命令（CO）将文字复制到所需空格中，如图 1.22 所示。

图 1.22　输入并复制文字

使用编辑命令（ED）对相应的文字进行编辑。可先输入命令后切换为中文输入法，再用靶框单击以提高编辑速度，如图 1.23 所示。

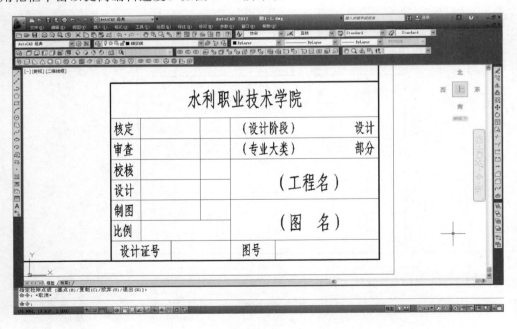

图 1.23　编辑文字

1.5 标注样式

　　使用标注样式命令（D）打开"标注样式管理器"对话框，如图 1.24 所示，单击
"新建"按钮输入"1-100"，并单击"继续"按钮，如图 1.25 所示。

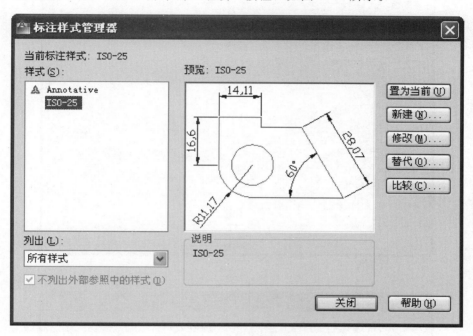

图 1.24 "标注样式管理器"对话框

图 1.25 "创建新标注样式"对话框

　　在"线"选项卡中将"基线间距"设为"7"、"超出尺寸线"设为"2.5"、"起点偏移
量"设为"2.5"，如图 1.26 所示。在"符号和箭头"选项卡中将"箭头大小"设为"3"，
如图 1.27 所示。

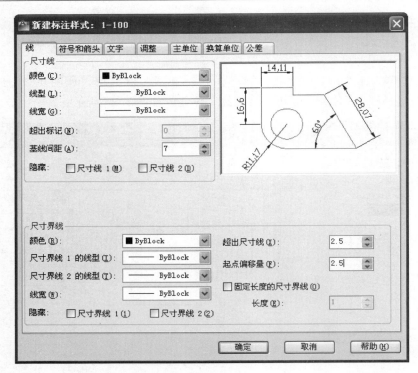

图 1.26 "线"选项卡

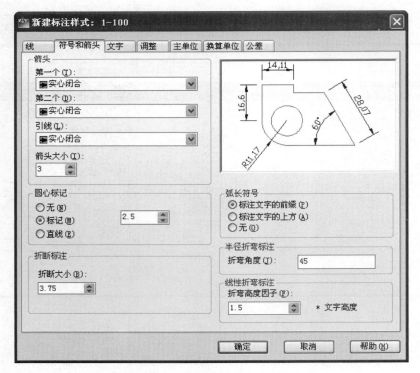

图 1.27 "符号和箭头"选项卡

在"文字"选项卡中将"文字样式"设为"数字和字母","文字高度"设为 3，如图 1.28 所示，完成后单击"确定"按钮。

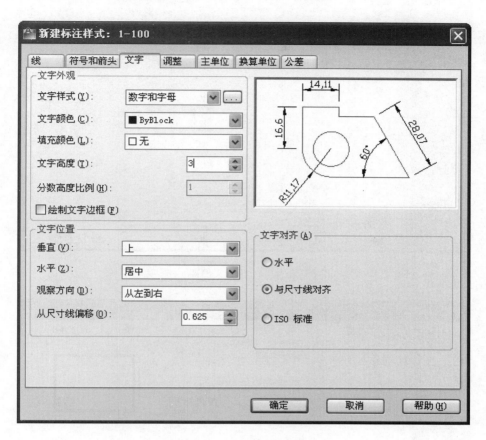

图 1.28 "文字"选项卡

1.6 保存文件

用滑轮双击将文件全部显示，并打开下方的显示线宽后，单击"保存"按钮（或按 Ctrl＋S 组合键），在"另存为"对话框中根据要求选择路径，单击"新建文件夹"按钮并将文件夹取名为"工程图"，如图 1.29 所示。

双击进入文件夹后，将文件名称根据要求进行修改，如文件名称改为"1"（注意扩展名".dwg"不要修改），单击保存。为了以后可以在低版本中打开该图形文件，则需要在"文件类型"中选择"AutoCAD 2004/LT2004 图形（＊.dwg）"。继续使用另存为命令（按 Ctrl＋Shift＋S 组合键），将文件分别另外保存在考生文件夹下，文件名称分别为"2""3""4"，如图 1.30 所示（该方法可以避免文件覆盖等失误操作）。

图 1.29 新建文件夹

图 1.30 保存文件

第2章 基 本 技 能

一张完整的工程图样，不仅仅是靠绘图命令就能完成的，而往往需要通过编辑命令反复修改图形才能完成。更重要的是，将绘图命令和编辑命令巧妙结合、灵活运用，才能给绘图带来很大的方便和快捷。如果能熟练掌握快捷的绘图方法，就掌握了绘图的技巧，也就具备了绘图的基本技能。

2.1 绘图技巧

2.1.1 太极图

命令：CIRCLE

指定圆的圆心或［三点（3P）/两点（2P）/相切，相切，半径（T）］：

（选择任意点为圆心）

指定圆的半径或［直径（D）］：60　　　　　　　　　　　　（输入半径60）

命令：LINE

指定第一点：　　　　　　　　　　　　　　　　　　　　　（选择象限点 A）

指定下一点或［放弃（U）］：　　　　　　　　　　　　　（选择象限点 B）

指定下一点或［放弃（U）］：　　　　　　　　　　　　　（按回车键结束）

命令：DIVIDE

选择要定数等分的对象：　　　　　　　　　　　　　　　（选择线段 C）

输入线段数目或［块（B）］：7　　　　　　　（输入分段数7，如图 2.1 所示）

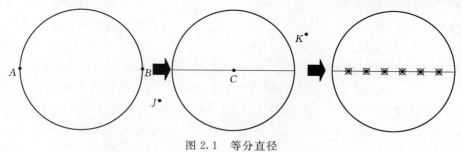

图 2.1　等分直径

命令：PLINE

指定起点：　　　　　　　　　　　　　　　　　　　　　（选择象限点 A）

当前线宽为 0.0000

指定下一个点或［圆弧（A）/半宽（H）/长度（L）/放弃（D）/宽度（W）］：A

（输入圆弧选项 A）

指定圆弧的端点或［角度（A）/圆心（CE）/方向（D）半宽（H）/直线（L）/半径

（R）/第二点（S）/放弃（U）/宽度（W）］：A　　　　　　（输入角度选项 A）

指定包含角度：－180　　　　　　　　　　　　　　　（输入角度－180°）

指定圆弧的端点或［圆心（CE）/半径（R）］：　　　　　（选择节点 D）

指定圆弧的端点或［角度（A）/圆心（CE）/闭合（CL）/方向（D）半宽（H）/直线（L）/半径（R）/第二点（S）/放弃（U）/宽度（W）］：（选择象限点 B）

输入圆弧终点选项或［角度（A）/圆心（CE）/方向（D）半宽（H）/直线（L）/半径（R）/第二点（S）/放弃（U）/宽度（W）］：A　　　　　　（输入角度选项 A）

指定包含角度：－180　　　　　　　　　　　　　　　（输入角度－180°）

指定圆弧的端点或［圆心（CE）/半径（R）］：　　　　　（选择节点 E）

指定圆弧的端点或［角度（A）/圆心（CE）/闭合（CL）/方向（D）半宽（H）/直线（L）/半径（R）/第二点（S）/放弃（U）/宽度（W）］：（选择象限点 A）

输入圆弧终点选项或［角度（A）/圆心（CE）/方向（D）半宽（H）/直线（L）/半径（R）/第二点（S）/放弃（U）/宽度（W）］：A　　　　　　（输入角度选项 A）

指定包含角度：－180　　　　　　　　　　　　　　　（输入角度－180°）

指定圆弧的端点或［圆心（CE）/半径（R）］：　　　　　（选择节点 F）

指定圆弧的端点或［角度（A）/圆心（CE）/闭合（CL）/方向（D）半宽（H）/直线（L）/半径（R）/第二点（S）/放弃（U）/宽度（W）］：（选择象限点 B）

输入圆弧终点选项或［角度（A）/圆心（CE）/方向（D）半宽（H）/直线（L）/半径（R）/第二点（S）/放弃（U）/宽度（W）］：A　　　　　　（输入角度选项 A）

指定包含角度：－180　　　　　　　　　　　　　　　（输入角度－180°）

指定圆弧的端点或［圆心（CE）/半径（R）］：　　　　　（选择节点 G）

指定圆弧的端点或［角度（A）/圆心（CE）/闭合（CL）/方向（D）半宽（H）/直线（L）/半径（R）/第二点（S）/放弃（U）/宽度（W）］：（选择象限点 A）

输入圆弧终点选项或［角度（A）/圆心（CE）/方向（D）半宽（H）/直线（L）/半径（R）/第二点（S）/放弃（U）/宽度（W）］：A　　　　　　（输入角度选项 A）

指定包含角度：－180　　　　　　　　　　　　　　　（输入角度－180°）

指定圆弧的端点或［圆心（CE）/半径（R）］：　　　　　（选择节点 H）

指定圆弧的端点或［角度（A）/圆心（CE）/闭合（CL）/方向（D）半宽（H）/直线（L）/半径（R）/第二点（S）/放弃（U）/宽度（W）］：（选择象限点 B）

输入圆弧终点选项或［角度（A）/圆心（CE）/方向（D）半宽（H）/直线（L）/半径（R）/第二点（S）/放弃（U）/宽度（W）］：A　　　　　　（输入角度选项 A）

指定包含角度：－180　　　　　　　　　　　　　　　（输入角度－180°）

指定圆弧的端点或［圆心（CE）/半径（R）］：　　　　　（选择节点 I）

指定圆弧的端点或［角度（A）/圆心（CE）/闭合（CL）/方向（D）半宽（H）/直线（L）/半径（R）/第二点（S）/放弃（U）/宽度（W）］：（选择象限点 A）

指定圆弧的端点或［角度（A）/圆心（CE）/闭合（CL）/方向（D）半宽（H）/直线（L）/半径（R）/第二点（S）/放弃（U）/宽度（W）］：（按回车键完成，如图 2.2 所示）

命令：ERASE

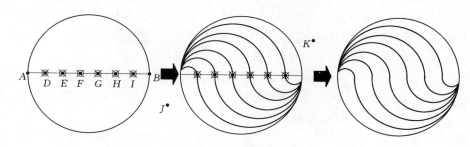

图 2.2　多段线画圆弧

选择对象： 　　　　　　　　　　　　　　　　　　　（选择点 J）

指定对角点： 　　　　　　　　　　　　　　　　　　（选择点 K）

选择对象： 　　　　　　　　　　　　　　　　　　　（按回车键完成）

2.1.2　圆弧组合

命令：CIRCLE 　　　　　　　　　　　　　　　　　　（图 2.3）

指定圆的圆心或［三点（3P）/两点（2P）/相切，相切，半径（T）］：（选择任意点为圆心）

指定圆的半径或［直径（D）］＜35.0000＞：D 　　　　（输入直径选项 D）

指定圆的直径＜70.0000＞：35 　　　　　　　　　　（输入直径值 35）

命令：CIRCLE

指定圆的圆心或［三点（3P）/两点（2P）/相切，相切，半径（T）］：2P

　　　　　　　　　　　　　　　　　　　　　　　　（输入两点定圆选项 2P）

指定直径的第一个端点： 　　　　　　　　　　　　　（选择象限点 A）

指定圆直径的第二个端点：@35＜45 　　　　　　　　（输入直径另一点坐标@35＜45）

命令：TRIM

当前设置：投影＝UCS 边缘＝延伸

选择修剪边缘……

选择对象： 　　　　　　　　　　　　　　　　　　　（选择对象 B）

选择对象： 　　　　　　　　　　　　　　　　　　　（按回车键完成选择）

选择要修剪的对象,按住 Shift 键选择要延伸的对象或［投影（P）/边（E）/放弃（U）］：

　　　　　　　　　　　　　　　　　　　　　　　　（选择边缘 C）

选择要修剪的对象,按住 Shift 键选择要延伸的对象或［投影（P）/边（E）/放弃（U）］：

　　　　　　　　　　　　　　　　　　　　　　　　（按回车键完成选择）

命令：ERASE

选择对象： 　　　　　　　　　　　　　　　　　　　（选择对象 B）

选择对象： 　　　　　　　　　　　　　　　　　　　（按回车键完成）

命令：ARRAY

选择对象： 　　　　　　　　　　　　　　　　　　　（选择对象 D）

选择对象：输入阵列类型［矩形（R）/路径（PA）/极轴（PO）］＜极轴＞：PO

　　　　　　　　　　　　　　　　　　　　　　　　（输入 PO 并按回车键选择极轴）

类型＝极轴　关联＝是

指定阵列的中心点或［基点（B）/旋转轴（A）］：　　　　（选择 D 点作为中心点）

输入项目数或［项目间角度（A）/表达式（E）］＜3＞:8　　（输入项目数 8）

指定填充角度（＋＝逆时针、－＝顺时针）或［表达式（EX）］＜360＞：

　　　　　　　　　　　　　　　　　　　　　　　（按回车键使用默认值 360）

按 Enter 键接受或［关联（AS）/基点（B）/项目（I）/项目间角度（A）/填充角度（F）/行（ROW）/层（L）/旋转项目（ROT）/退出（X）］

＜退出＞：　　　　　　　　　　　　　　　　　　（按回车键接受）

命令:CIRCLE

指定圆的圆心或［三点（3P）/两点（2P）/相切,相切,半径（T）］：

　　　　　　　　　　　　　　　　　　　　　　　（选择端点 D 为圆心）

指定圆的半径或［直径（D）］＜35.0000＞:D　　　　　　（输入直径选项 D）

指定圆的直径＜70.0000＞:35　　　　　　　　　　　　（输入直径值 35）

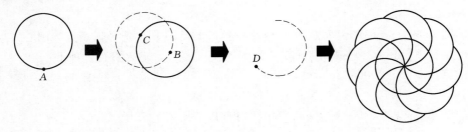

图 2.3　圆弧组合

2.1.3　圆内图线组合

命令:CIRCLE　　　　　　　　　　　　　　　　　　（图 2.4）

指定圆的圆心或［三点（3P）/两点（2P）/相切,相切,半径（T）］：

　　　　　　　　　　　　　　　　　　　　　　　（选择任意点为圆心）

指定圆的半径或［直径（D）］:35　　　　　　　　　　　（输入直径值 35）

命令:POLYGON

输入边的数目＜4＞:6

指定正多边形的中心点或［边缘（E）］：　　　　　　　（选择圆心 A）

输入选项［内接于圆内（I）/外切接于圆上（C）］＜I＞:I　（输入内接于圆选项 I）

指定圆的半径：　　　　　　　　　　　　　　　　　（选择象限点 B）

命令:LINE

指定第一点：　　　　　　　　　　　　　　　　　　（选择交点 C）

指定下一点或［放弃（U）］：　　　　　　　　　　　（选择交点 D）

指定下一点或［放弃（U）］：　　　　　　　　　　　（选择交点 E）

指定下一点或［闭合（C）/放弃（U）］：　　　　　　　（按回车键完成）

命令:LINE

指定第一点：　　　　　　　　　　　　　　　　　　（选择交点 F）

指定下一点或［放弃（U）］：　　　　　　　　　　　（选择交点 G）

指定下一点或[放弃(U)]:   （选择交点 *H*）

指定下一点或[闭合(C)/放弃(U)]:   （按回车键完成）

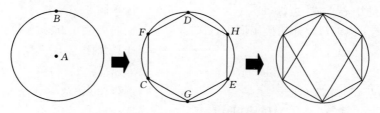

图 2.4　圆内多边形和直线

命令:XLINE

指定一点或[水平(H)/垂直(V)/角度(A)/二等分(B)/偏移(O)]

                                    （选择圆心 *A*）

指定通过点:@1<45   （输入另一点坐标@1<45 建立

                                  一条 45°构造线）

指定通过点: （按回车键完成）

命令:RECTANG

指定第一个角度或[倒角(C)/高程(E)/圆角(F)/厚度(T)/线宽(W)]:

                                    （选择交点 *I*）

指定其他角点或[标注(D)]:   （选择交点 *J*）

命令:CIRCLE

指定圆的圆心或[三点(3P)/两点(2P)/相切,相切,半径(T)]:

                                    （选择圆心 *A*）

指定圆的半径或[直径(D)]:35   （选择中点 *K*）

命令:ERASE

选择对象: （选择构造线 *A*）

选择对象: （按回车键完成,如图 2.5 所示）

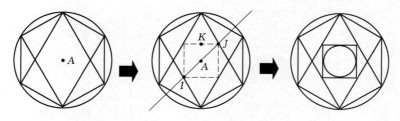

图 2.5　圆内图线组合

2.1.4　线弧组合

命令:CIRCLE

指定圆的圆心或[三点(3P)/两点(2P)/相切,相切,半径(T)]:

                                （选择任意点为圆心）

指定圆的半径或[直径(D)]<35.0000>:35   （输入半径选项 A）

命令:POLYGON

输入边的数目<6>:3　　　　　　　　　　　　　　　（输入边数 3）

指定正多边形的中心点或[边缘(E)]:　　　　　　　（选择圆心 A）

输入选项[内接于圆内(I)/外切接于圆上(C)]:I　　（输入内接于圆选项 I）

指定圆的半径:　　　　　　　　　　　　　　　　　（选择象限点 B）

命令:ARC

指定圆弧的起点或[圆心(C)]:　　　　　　　　　　（选择交点 C）

指定圆弧的第二点或[圆心(C)/终点(E)]:　　　　　（选择圆心 A）

指定圆弧的端点:　　　　　　　　　　　　　　　　（选择交点 D,图 2.6 所示）

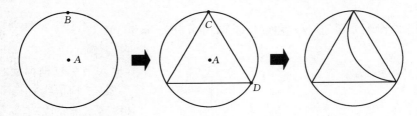

图 2.6　三边形与圆弧

命令:ARRAY

选择对象:　　　　　　　　　　　　　　　　　　　（选择对象 E）

选择对象:输入阵列类型[矩形(R)/路径(PA)/极轴(PO)]<极轴>:PO

　　　　　　　　　　　　　　　　　　　　　　　　（输入 PO 按回车键选择极轴）

类型=极轴　关联=是

指定阵列的中心点或[基点(B)/旋转轴(A)]:　　　（选择 A 点作为中心点）

输入项目数或[项目间角度(A)/表达式(E)]<3>:3（输入项目数 3）

指定填充角度(+=逆时针、-=顺时针)或[表达式(EX)]<360>:

　　　　　　　　　　　　　　　　　　　　　　　　（按回车键使用默认值 360）

按 Enter 键接受或[关联(AS)/基点(B)/项目(I)/项目间角度(A)/填充角度(F)/行(ROW)/层(L)/旋转项目(ROT)/退出(X)]

<退出>:　　　　　　　　　　　　　　　　　　　（按回车键接受）

命令:MIRROR

选择对象:　　　　　　　　　　　　　　　　　　　（选择点 F）

指定对角点:　　　　　　　　　　　　　　　　　　（选择点 G）

选择对象:　　　　　　　　　　　　　　　　　　　（按回车键结束选择）

指定镜射线的第一点:　　　　　　　　　　　　　　（选择交点 A）

指定镜射线的第二点:　　　　　　　　　　　　　　（打开[F8]模式往 0 度方向任选一点 H）

删除来源对象?[是(Y)/否(N)]<N>:　　　　　　　（按回车键不删除原对象）

命令:TRIM

当前设置:投影=UCS 边缘=延伸

选择修剪边缘……

选择对象：   （选择对象 I）

选择对象：   （按回车键结束选择）

选择要修剪的对象，按住 Shift 键选择要延伸的对象或 ［投影（P）/边（E）/放弃（U）］：   （选择边缘 J）

选择要修剪的对象，按住 Shift 键选择要延伸的对象或 ［投影（P）/边（E）/放弃（U）］：   （选择边缘 K）

选择要修剪的对象，按住 Shift 键选择要延伸的对象或 ［投影（P）/边（E）/放弃（U）］：   （选择边缘 L）

选择要修剪的对象，按住 Shift 键选择要延伸的对象或 ［投影（P）/边（E）/放弃（U）］：   （选择边缘 M）

选择要修剪的对象，按住 Shift 键选择要延伸的对象或 ［投影（P）/边（E）/放弃（U）］：   （选择边缘 N）

选择要修剪的对象，按住 Shift 键选择要延伸的对象或 ［投影（P）/边（E）/放弃（U）］：   （选择边缘 O）

选择要修剪的对象，按住 Shift 键选择要延伸的对象或 ［投影（P）/边（E）/放弃（U）］：   （按回车键结束，如图 2.7 所示）

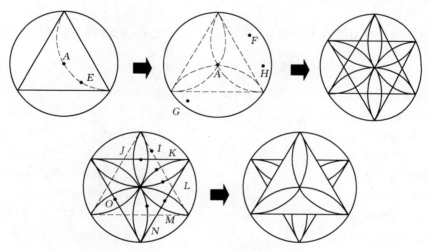

图 2.7　线弧组合

2.1.5　绳环花饰

命令：LINE   （图 2.8）

指定第一点：   （选择任意起点 A）

指定下一点或 ［放弃（U）］：30   （打开 ［F8］模式，将鼠标往 90°移动并输入 30）

指定下一点或 ［放弃（U）］：   （按回车键完成线段绘制）

命令：OFFSET

指定偏移距离或 ［通过（T）］＜通过＞：5   （输入距离 5）

选择要偏移的对象或＜退出＞：　　　　　　　　　　　（选择线段 B）

指定点以确定偏移所在一侧：　　　　　　　　　　　　（往 C 方向选择一点作偏移复制）

选择要偏移的对象或＜退出＞：　　　　　　　　　　　（选择刚完成偏移复制线段）

指定点以确定偏移所在一侧：　　　　　　　　　　　　（往 C 方向选择一点作偏移复制）

选择要偏移的对象或＜退出＞：　　　　　　　　　　　（选择刚完成偏移复制线段）

指定点以确定偏移所在一侧：　　　　　　　　　　　　（往 C 方向选择一点作偏移复制）

选择要偏移的对象或＜退出＞：　　　　　　　　　　　（选择刚完成偏移复制线段）

指定点以确定偏移所在一侧：　　　　　　　　　　　　（往 C 方向选择一点作偏移复制）

选择要偏移的对象或＜退出＞：　　　　　　　　　　　（选择刚完成偏移复制线段）

指定点以确定偏移所在一侧：　　　　　　　　　　　　（往 C 方向选择一点作偏移复制）

选择要偏移的对象或＜退出＞：　　　　　　　　　　　（选择刚完成偏移复制线段）

指定点以确定偏移所在一侧：　　　　　　　　　　　　（往 C 方向选择一点作偏移复制）

选择要偏移的对象或＜退出＞：　　　　　　　　　　　（按回车键结束）

命令：ARC

指定圆弧的起点或［圆心（C）］：　　　　　　　　　　（选择端点 D 为圆弧起点）

指定圆弧的第二点或［圆心（C）/终点（E）］：C　　（输入圆心选项 C）

指定圆弧的圆心：　　　　　　　　　　　　　　　　　（选择端点 E）

指定圆弧的端点或［角度（A）/弦长（L）］：　　　　（打开［F8］模式，往 180°方向选择
　　　　　　　　　　　　　　　　　　　　　　　　　　任意一点 F）

命令：OFFSET

指定偏移距离或［通过（T）］＜通过＞：5　　　　　　（输入距离 5）

选择要偏移的对象或＜退出＞：　　　　　　　　　　　（选择圆弧 G）

指定点以确定偏移所在一侧：　　　　　　　　　　　　（往 H 方向选择一点作偏移复制）

选择要偏移的对象或＜退出＞：　　　　　　　　　　　（选择刚完成偏移复制线段）

指定点以确定偏移所在一侧：　　　　　　　　　　　　（往 H 方向选择一点作偏移复制）

选择要偏移的对象或＜退出＞：　　　　　　　　　　　（选择刚完成偏移复制线段）

指定点以确定偏移所在一侧：　　　　　　　　　　　　（往 H 方向选择一点作偏移复制）

选择要偏移的对象或＜退出＞：　　　　　　　　　　　（选择刚完成偏移复制线段）

指定点以确定偏移所在一侧：　　　　　　　　　　　　（往 H 方向选择一点作偏移复制）

选择要偏移的对象或＜退出＞：　　　　　　　　　　　（选择刚完成偏移复制线段）

指定点以确定偏移所在一侧：　　　　　　　　　　　　（往 H 方向选择一点作偏移复制）

选择要偏移的对象或＜退出＞：　　　　　　　　　　　（选择刚完成偏移复制线段）

指定点以确定偏移所在一侧：　　　　　　　　　　　　（往 H 方向选择一点作偏移复制）

选择要偏移的对象或＜退出＞：　　　　　　　　　　　（按回车键结束）

命令：ARRAY

选择对象：指定对角点：找到 13 个　　　　　　　　　（将图形全部选中）

选择对象：输入阵列类型［矩形（R）/路径（PA）/极轴（PO）］＜极轴＞：PO
　　　　　　　　　　　　　　　　　　　　　　　　　　（输入 PO 按回车键选择极轴）

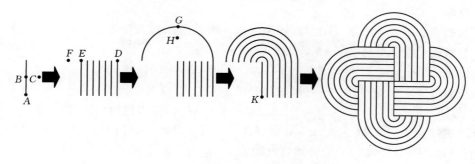

图 2.8　绳环花饰

类型＝极轴　关联＝是

指定阵列的中心点或［基点（B）/旋转轴（A）］：

　　　　　　　　　　　　　　　　（选择 *K* 点作为中心点）

输入项目数或［项目间角度（A）/表达式（E）］＜3＞：4

　　　　　　　　　　　　　　　　（输入项目数 4）

指定填充角度（＋＝逆时针、－＝顺时针）或［表达式（EX）］＜360＞：

　　　　　　　　　　　　　　　　（按回车键使用默认值 360）

按 Enter 键接受或［关联（AS）/基点（B）/项目（I）/项目间角度（A）/填充角度（F）/行（ROW）/层（L）/旋转项目（ROT）/退出（X）］

＜退出＞：　　　　　　　　　　　（按回车键结束）

2.1.6　线型组合

命令：LINE　　　　　　　　　　　（图 2.9）

指定第一点：　　　　　　　　　　（选择任意起点 *A*）

指定下一点或［放弃（U）］：70/4　（打开［F8］模式，将鼠标往 0°移动
　　　　　　　　　　　　　　　　输入 70/4）

指定下一点或［放弃（U）］：　　　（按回车键完成线段）

命令：OFFSET

指定偏移距离或［通过（T）］＜通过＞：70/12　（输入距离 70/12）

选择要偏移的对象或＜退出＞：　　（选择线 *B*）

指定点以确定偏移所在一侧：　　　（往 *C* 方向选择一点作偏移复制）

选择要偏移的对象或＜退出＞：　　（选择刚完成偏移复制线段）

指定点以确定偏移所在一侧：　　　（往 *C* 方向选择一点作偏移复制）

选择要偏移的对象或＜退出＞：　　（选择刚完成偏移复制线段）

指定点以确定偏移所在一侧：　　　（往 *C* 方向选择一点作偏移复制）

选择要偏移的对象或＜退出＞：　　（按回车键完成）

命令：ARRAY

选择对象：　　　　　　　　　　　（选点 *D* 至点 *E*）

选择对象：输入阵列类型［矩形（R）/路径（PA）/极轴（PO）］＜极轴＞：PO

　　　　　　　　　　　　　　　　（输入 PO 并按回车键选择极轴）

类型＝极轴　关联＝是

指定阵列的中心点或［基点（B）/旋转轴（A）］：　　（选择 *F* 点作为中心点）

输入项目数或［项目间角度（A）/表达式（E）］＜3＞：4

（输入项目数 4）

指定填充角度（＋＝逆时针、－＝顺时针）或［表达式（EX）］＜360＞：

（按回车键使用默认值 360）

按 Enter 键接受或［关联（AS）/基点（B）/项目（I）/项目间角度（A）/填充角度（F）/行（ROW）/层（L）/旋转项目（ROT）/退出（X）］

＜退出＞：　　　　　　　　　　　　　　　　　（按回车键接受）

命令：ARRAY

选择对象：　　　　　　　　　　　　　　　　　（选点 *G* 至点 *H*）

选择对象：输入阵列类型［矩形（R）/路径（PA）/极轴（PO）］＜极轴＞：PO

（输入 PO 并按回车键选择极轴）

类型＝极轴　关联＝是

指定阵列的中心点或［基点（B）/旋转轴（A）］：　　（选择 *I* 点作为中心点）

输入项目数或［项目间角度（A）/表达式（E）］＜3＞：4

（输入项目数 4）

指定填充角度（＋＝逆时针、－＝顺时针）或［表达式（EX）］＜360＞：

（按回车键使用默认值 360）

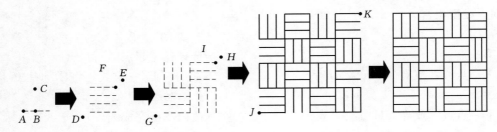

图 2.9　线型组合

按 Enter 键接受或［关联（AS）/基点（B）/项目（I）/项目间角度（A）/填充角度（F）/行（ROW）/层（L）/旋转项目（ROT）/退出（X）］

＜退出＞：　　　　　　　　　　　　　　　　　（按回车键接受）

命令：RECTANG

指定第一个角度或［倒角（C）/高程（E）/圆角（F）/厚度（T）/线宽（W）］：

（选择交点 *J*）

指定其他角点或［标注（D）］：　　　　　　　　（选择交点 *K*）

2.1.7　平面图形组合

命令：CIRCLE　　　　　　　　　　　　　　　（图 2.10）

指定圆的圆心或［三点（3P）/两点（2P）/相切，相切，半径（T）］：

（输入任意一点为圆心）

指定圆半径或［直径（D）］＜20.0000＞：　　　　（选择任意一点为半径点）

命令：POLYGON

输入边的数目＜5＞：3　　　　　　　　　　　　　（输入边数3）

指定正多边形的中心点或［边缘（E）］：　　　　（选择圆心 *A*）

输入选项［内接于圆内（I）／外切接于圆上（C）］＜C＞：I

　　　　　　　　　　　　　　　　　　　　　　　　（输入内接于圆选项 I）

指定圆的半径：　　　　　　　　　　　　　　　　（选择象限点 *B*）

命令：POLYGON

输入边的数目＜3＞：4　　　　　　　　　　　　　（输入边数4）

指定正多边形的中心点或［边缘（E）］：　　　　（选择圆心 *A*）

输入选项［内接于圆内（I）／外切接于圆上（C）］＜I＞：C

　　　　　　　　　　　　　　　　　　　　　　　　（输入外切于圆选项 C）

指定圆的半径：　　　　　　　　　　　　　　　　（选择象限点 *C*）

命令：CIRCLE

指定圆的圆心或［三点（3P）／两点（2P）／相切，相切，半径（T）］：

　　　　　　　　　　　　　　　　　　　　　　　　（选择圆心 *A*）

指定圆半径或［直径（D）］＜20.0000＞：　　　　（选择交点 *D*）

命令：POLYGON

输入边的数目＜4＞：5　　　　　　　　　　　　　（输入边数5）

指定正多边形的中心点或［边缘（E）］：　　　　（选择圆心 *A*）

输入选项［内接于圆内（I）／外切接于圆上（C）］＜I＞：C

　　　　　　　　　　　　　　　　　　　　　　　　（输入内接于圆选项 C）

指定圆的半径：　　　　　　　　　　　　　　　　（选择象限点 *E*）

命令：SCALE

选择对象：　　　　　　　　　　　　　　　　　　（选择点 *F*）

指定对角点：　　　　　　　　　　　　　　　　　（选择点 *G*）

选择对象：　　　　　　　　　　　　　　　　　　（按回车键结束选择）

指定基准点：　　　　　　　　　　　　　　　　　（选择交点 *H*）

指定比例系数或［参考（R）］：R　　　　　　　　（输入参考选项 R）

指定参考长度＜I＞：　　　　　　　　　　　　　　（选择端点 *H*）

指定第二点：　　　　　　　　　　　　　　　　　（选择端点 *I*）

指定新长度：75　　　　　　　　　　　　　　　　（输入新长度75）

2.1.8　圆弧连接

命令：ARC　　　　　　　　　　　　　　　　　　　（图 2.11）

指定圆弧的起点或［圆心（C）］：　　　　　　　　（选择任意一点为起点）

指定圆弧的第二点或［圆心（C）／终点（E）］：C（输入终点选项 C）

指定圆弧的中心：@60＜0　　　　　　　　　　　　（输入圆心坐标@60＜0）

指定圆弧的圆心或［角度（A）／弦长（L）］：A　（输入半径选项 A）

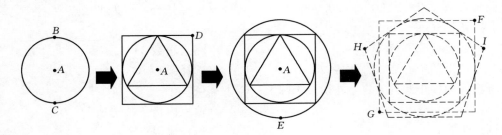

图 2.10 平面图形组合

指定包含角：−40	（输入角度−40）
命令：OFFSET	
指定偏移距离或［通过（T）］＜6.5000＞：30	（输入偏移距离 30）
选择要偏移的对象或＜退出＞：	（选择圆弧 A）
指定点以确定偏移所在一侧：	（往方向 B 选择一点作偏移复制）
选择要偏移的对象或＜退出＞：	（按回车键结束）
命令：LINE	
指定第一点：	（选择端点 C）
指定下一点或［放弃（U）］：	（选择端点 D）
指定下一点或［放弃（U）］：	（按回车键完成线段）
命令：LINE	
指定第一点：	（选择端点 E）
指定下一点或［放弃（U）］：	（选择端点 F）
指定下一点或［放弃（U）］：	（按回车键完成线段）
命令：ARC	

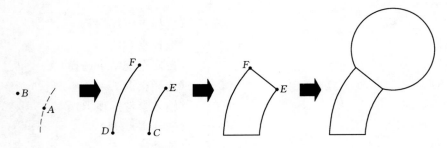

图 2.11 圆弧连接

指定圆弧的起点或［圆心（C）］：	（选择端点 E）
指定圆弧的第二点或［圆心（C）/终点（E）］：E	（输入终点选项 E）
指定圆弧的端点：	（选择端点 F）
指定圆弧的圆心或［角度（A）/方向（D）/半径（R）］：R	（输入半径选项 R）
指定圆弧半径：−35	（输入半径值−35）

2.1.9 螺线圆

命令：LINE （图 2.12）

指定第一点： （选择任意一点为起点）

指定下一点或 ［放弃 （U）］：80 （打开垂直水平模式 ［F8］，游标往 0

度移动并输入 80）

指定下一点或 ［放弃 （U）］： （按回车键完成画线）

命令：DIVIDE

选择要等分的对象： （选择线段 A）

输入分段数目或 ［图块 （B）］：4 （输入分段数 4）

命令：CIRCLE

指定圆的圆心或 ［三点 （3P） /两点 （2P） /相切，相切，半径 （T）］：2P

（输入两点定一圆选项 2P）

指定圆直径的第一个端点： （选择节点 B）

指定圆直径的第二个端点： （选择节点 C）

命令：PLINE

指定起点： （选择端点 D）

目前的线宽是 0.0000

指定下一点或 ［圆弧 （A） /半宽 （H） /长度 （L） /放弃 （U） /宽度 （W）］：A

（输入圆弧选项 A）

输入圆弧终点选项或 ［角度 （A） /圆心 （CE） /方向 （D） /半宽 （H） /直线 （L） /半径

（R） /第二点 （S） /放弃 （U） /宽度 （W）］：A （输入角度选项 A）

指定包含角度：－180 （输入角度－180）

指定圆弧的端点或 ［圆心 （CE） /半径 （R）］： （选择节点 E）

指定圆弧终点或 ［角度 （A） /圆心 （CE） /闭合 （CL） /方向 （D） /半宽 （H） /直线

（L） /半径 （R） /第二点 （S） /放弃 （U） /宽度 （W）］：

（选择端点 F）

指定圆弧终点或 ［角度 （A） /圆心 （CE） /闭合 （CL） /方向 （D） /半宽 （H） /直线

（L） /半径 （R） /第二点 （S） /放弃 （U） /宽度 （W）］：A

（输入角度选项 A）

指定包含角度：－180 （输入角度－180）

指定圆弧的端点或 ［圆心 （CE） /半径 （R）］： （选择端点 D）

指定圆弧终点或 ［角度 （A） /圆心 （CE） /闭合 （CL） /方向 （D） /半宽 （H） /直线

（L） /半径 （R） /第二点 （S） /放弃 （U） /宽度 （W）］：

（按回车键结束）

命令：ERASE

选择对象： （选择点 G）

指定对角点： （选择点 H）

选择对象 （按回车键结束）

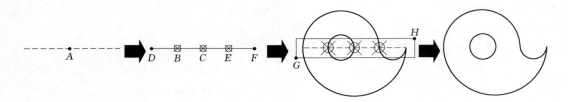

图 2.12　螺线圆

2.1.10　相切圆

命令：LINE	（图 2.13）
指定第一点：	（选择任意一点为起点）
指定下一点或［放弃（U）］：	（打开［F8］模式，往 0°画一条任意
长度水平线）	
指定下一点或［放弃（U）］：@50＜227	（输入另一点坐标@50＜227）
指定下一点或［闭合（C）/放弃（U）］：	（按回车键完成画线）
命令：CIRCLE	
指定圆的圆心或［三点（3P）/两点（2P）/相切，相切，半径（T）］：T	
	（输入切、切半径选项 T）
指定对象上的点作为圆的第一个切点：	（选择切点 A）
指定对象上的点作为圆的第二个切点：	（选择切点 B）
指定圆的半径＜10.0000＞：30	（输入半径 30）

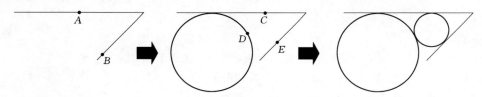

图 2.13　圆与直线相切

命令：CIRCLE	
指定圆的圆心或［三点（3P）/两点（2P）/相切，相切，半径（T）］：3P	
	（输入三点定圆选项 3P）
指定圆上的第一个点：－tan 到	（选择切点 C）
指定圆上的第二个点：－tan 到	（选择切点 D）
指定圆上的第三个点：－tan 到	（选择切点 E）
命令：CIRCLE	
指定圆的圆心或［三点（3P）/两点（2P）/相切，相切，半径（T）］：3P	
	（输入三点定圆选项 3P）
指定圆上的第一个点：－tan 到	（选择切点 F）
指定圆上的第二个点：－tan 到	（选择切点 G）
指定圆上的第三个点：－tan 到	（选择切点 H）

命令：ERASE

选择对象：　　　　　　　　　　　　（选择线 I 至 J）

选择对象：　　　　　　　　　　　　（按回车键结束，如图 2.14 所示）

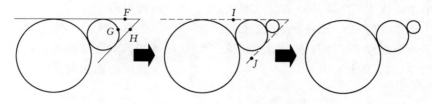

图 2.14　相切圆

2.2　查询技巧

2.2.1　ID 点位置

命令：ID　快捷键：无

说明：查询点坐标位置

下拉式功能表：工具→查询→点位置

功能命令叙述：（图 2.15）

命令：ID

指定点：

X＝47.50000　　Y＝48.9711　　Z＝0.0000

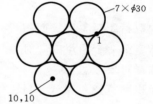

（选取点位置 1）

（查询到点的结果）

2.2.2　DIST 距离

命令：DIST 快捷键：DI

说明：查询两点间距离值

下拉式功能表：工具→查询→距离

功能命令叙述

命令：DIST

指定第一点：　　　　　　　　　　（选取点 1）

指定第二点：　　　　　　　　　　（选取点 2）

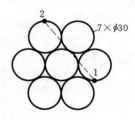

图 2.15　点和距离

查询的距离结果：

距离＝71.8251，XY 平面内角度＝129，和 XY 平面的夹角＝0　X 差值＝－45.0000，Y 差值＝55.9808，Z 差值＝0.0000

2.2.3　AREA －面积

命令：AREA 快捷键：AA

说明：查询面积

下拉式功能表：工具→查询→面积

功能命令叙述（图 2.16）：

命令：AREA

点选范围点计算面积

指定第一个角点或［对象（O）/加（A）/减（S）］：　　　（选取点 1）

指定下一个角点或按 ENTER 点表示总面积：　　　　　　　（选取点 2）

指定下一个角点或按 ENTER 点表示总面积：　　　　　　　（选取点 3）

指定下一个角点或按 ENTER 点表示总面积：　　　　　　　（选取点 4）

指定下一个角点或按 ENTER 点表示总面积：　　　　　　　（按回车键结束选点）

面积＝1991.9186，周长＝184.7214　　　　　　　　　　　　（显示面积和周长）

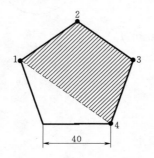

图 2.16　梯形和五边形面积

选取封闭对象计算面积

指定第一个角点或［对象（O）/加（A）/减（S）］：　　　（选取点 O）

选择对象：　　　　　　　　　　　　　　　　　　　　　　（选择对象 1）

面积＝2752.7638，周长＝200.0000

对象面积加减模式计算（求斜线区域面积，见图 2.17）

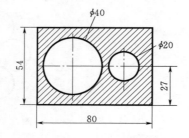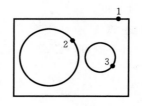

图 2.17　矩形减圆的面积

指定第一个角点或［对象（O）/加（A）/减（S）］：　　　（输入选项 A）

指定第二个角点或［对象（O）/减（S）］：　　　　　　　（输入选项 O）

（加入模式）选择对象：　　　　　　　　　　　　　　　　（选择对象 1）

面积＝4320.0000，周长＝268.0000　　　　　　　　　　　　（显示矩形面积和周长）

总面积＝4320.0000　　　　　　　　　　　　　　　　　　　（目前计算总面积值）

（加入模式）选择对象：　　　　　　　　　　　　　　　　（按回车键离开加入模式）

指定第一个角点或［对象（O）/减（S）］：　　　　　　　（输入选项 S）

指定第二个角点或［对象（O）/加（A）］：　　　　　　　（输入选项 O）

（减去模式）选择对象：　　　　　　　　　　（选择对象2）

面积＝1256.6371，周长＝125.6637　　　　　（显示直径40的圆面积和周长）

总面积＝3063.3629　　　　　　　　　　　　（目前计算总面积值）

（减去模式）选择对象：　　　　　　　　　　（选择对象3）

面积＝314.1593，周长＝62.8319　　　　　　（显示直径20圆面积和周长）

总面积＝2749.2037　　　　　　　　　　　　（目前计算总面积值，也就是斜线区域面积）

（减去模式）选择对象：　　　　　　　　　　（按回车键离开）

指定第一个角点或［对象（O）/加（A）］：　（按回车键离开）

　　最后的面积和周长被储存的位置

　　（1）面积总数查询。

命令：SETVAR

输入总数名称或［列示（?）］＜DIMSCALE＞：（输入 AREA）

AREA＝2749.2037（只读）

　　（2）周长总数查询。

命令：SETVAR

输入总数名称或［列示（?）］＜AREA＞：　　（输入 PERIMETER）

PERIMETER＝62.8319（只读）

提示：也可先对查询区域填充，然后用 AREA 命令直接选择填充便可得到结果。

2.2.4　取得图形长度和周长

　　（1）利用列示、性质、调整长度来查询。

　　　列示：LIST 快速查询线长、周长、弧长、圆与多段线面积（图2.18）。

　　　性质：PROPERTIES 快速查询线长、周长、圆（半径、直径、周长、面积）、弧（弧长、夹角、半径）。

　　　调整长度：LENGTHEN 快速查询线长、周长、弧（弧长、夹角）。

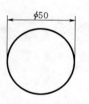

图 2.18　圆和五边形

　　（2）利用 AREA 命令处理的对象：仅限于 CIRCLE 和封闭的 PLINE 对象。

命令：AREA

指定第一个角点或［对象（O）/加（A）/减（S）］：O

选取对象：　　　　　　　　　　　　　　　　（选取圆，显示结果）

面积＝1963.4954，圆周＝157.0796

命令：AREA

指定第一个角点或［对象（O）/加（A）/减（S）］：O

选取对象：　　　　　　　　　　　　　　　　（选取五边形，显示结果）

面积＝1548.4297，圆周＝150.0000

　　（3）配合 BPOLY 产生不规则封闭空间的多段线，再求取周长和面积（图2.19）。

　　1）建议在建立 BPOLY 之前先将图层更换，以加强可视效果。

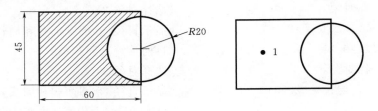

图 2.19　矩形和圆相交

2）执行命令，建立封闭多段线（图 2.20）。

命令：BPOLY

选取内部点：　　　　　　　　　　　　　　　　　　　（选取内部点 1）

选取内部点：　　　　　　　　　　　　　　　　　　　（按回车键离开）

［边界］建立了 1 多段线。

3）因为对象重叠不容易看见效果，可用 MOVE 来移动刚才完成的对象，如图 2.21 所示。

图 2.20　边界创建

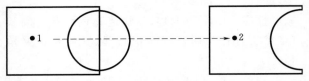

图 2.21　重叠移动

命令：MOVE

选取对象：　　　　　　　　　　　　　　　　（输入"L"（last）来选取最后完成的对象）

选取对象：　　　　　　　　　　　　　　　　（按回车键离开选取）

指定基准点或位移：　　　　　　　　　　　　（在靠近对象中心位置点选点 1）

指定位移的第二点或＜使用第一点作为位移＞　（任意选取位移点 2）

4）取得封闭的图形后，就可以开始计算面积。

命令：AREA

指定第一个角点或［对象（O）/加（A）/减（S）］：O　（输入选项 O）

选取对象：　　　　　　　　　　　　　　　　（选取封闭对象）

面积＝2071.6815，圆周＝232.8319

（4）对相连的封闭图形利用多段线编辑（PEDIT）成一个对象再求取面积周长（图2.22）。

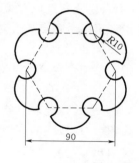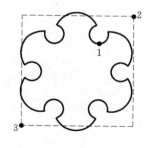

图2.22 封闭的多段线

1）将所有对象编辑成一个封闭的多段线。

命令：PEDIT

选取多段线：　　　　　　　　　（选取对象1）

选取的对象不是一条多段线

您要将它转成一条多段线吗？　＜Y＞

　　　　　　　　　　　　　　　（按回车键）

输入选项〔闭合（C）/结合（J）/宽度（W）/编辑顶点（E）/合（F）/云形线（S）/直线化（D）/线型生成（L）/复原（U）〕：　　　　　　　　（输入选项J）

选取对象：　　　　　　　　　　（框选范围2-3）

选取对象：　　　　　　　　　　（按回车键离开）

11条多段线被加入多段线

输入选项〔打开（O）/结合（J）/宽度（W）/编辑顶点（E）/合（F）/云形线（S）/直线化（D）/线型生成（L）/复原（U）〕：　　　　　　　　（按回车键离开）

也可以利用REGION将图形建立面域。

命令：REGION

选取对象：　　　　　　　　　　（框选点2至点3）

选取对象：　　　　　　　　　　（按回车键离开选取）

已选取1个回路。

已建立1个面域。　　　　　　　（完成面域建立）

2）求取多段线面积。

命令：AREA

指定第一个角点或〔对象（O）/加（A）/减（S）〕：O　（输入选项O）

选取对象：　　　　　　　　　　（选取封闭多段线）

面积＝8550.9368，圆周＝590.3728

标记：用PEDIT编辑为一个线框架对象，REGION建立的为一个薄板面，两个是不同性质的对象。

2.2.5　完成面积相加减

求取斜线区域面积（解答＝6832.9640），按图2.23所示面积相加减。

命令：AREA

指定第一个角点或〔对象（O）/加（A）/减（S）〕：　　（输入选项A）

指定第二个角点或〔对象（O）/减（S）〕：　　（输入选项O）

（加入模式）选取对象：　　　　（选取直径100圆）

面积＝7865.9816，圆周＝314.1593　　（直径100圆的面积与周长）

总面积＝7865.9816　　　　　　　（目前面积计算结果）

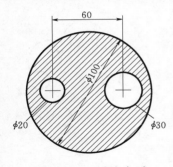

图 2.23 面积相加减

面积＝706.8583，圆周＝94.2478

总面积＝6832.9640

（减去模式）选取对象：

指定第一个角点或［对象（O）/加（A）]：

（加入模式）选取对象： （按回车键离开面积加入）

指定第一个角点或［对象（O）/减（S）]：

（输入选项 S）

指定第二个角点或［对象（O）/加（A）]：

（输入选项 O）

（减去模式）选取对象： （选取直径 20 的圆）

面积＝314.1593，圆周＝62.8319 （直径 20 圆的面积连周长）

总面积＝7539.8224 （目前面积计算结果）

（减去模式）选取对象： （选取直径 30 的圆）

（直径 20 圆的面积连周长）

（目前面积计算结果）

（按回车键离开）

（按回车键离开）

2.2.6 由数个对象围成的长度面积计算

求取图 2.24 所示圆形最外围所围成的面积或周长（面积＝9135.6845，周长＝481.0445）。

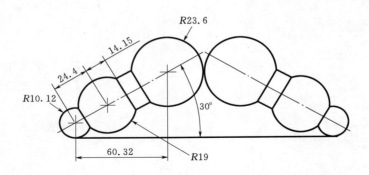

图 2.24 图形组成

（1）先将圆形修剪只剩外围圆形，如图 2.25 所示。

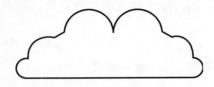

图 2.25 圆与直线的外围组合　　　　图 2.26 编辑圆弧与直线成多段线

（2）执行多段线编辑成一个封闭对象，如图 2.26 所示。

命令：PEDIT

选取多段线： （选取对象 1）

选取的对象不是一条多段线

您要将它转成一条多段线吗？＜Y＞　　　　　　　　　　　　　　（按回车键）

输入选项［闭合（C）/结合（J）/宽度（W）/编辑顶点（E）/ 合（F）/云形线（S）/
直线化（D）/线形生成（L）/复原（U）］：　　　　　　　　（输入选项J）

选取对象：　　　　　　　　　　　　　　　　　　　　　　（框选范围 2－3）

选取对象：　　　　　　　　　　　　　　　　　　　　　　（按回车键离开）

8 条线段被加入多段线。

输入选项［闭合（C）/结合（J）/宽度（W）/编辑顶点（E）/ 合（F）/云形线（S）/
直线化（D）/线形生成（L）/复原（U）］：　　　　　　　　（按回车键离开）

　　（3）求取多段线面积。

命令：AREA

指定第一个角点或［对象（O）/加（A）/减（S）］：　　　　（输入选项O）

选取对象：　　　　　　　　　　　　　　　　　　　　　　（选取封闭多段线）

面积＝9135.6846，周长＝481.0445

　　（4）也可以用 BPOLY 命令对封闭空间中选取一点，更快取得封闭对象，或用 RE-
GION 将圆形建立为面域。

　　面积及周长取得相关注意事项如下。

　　1）用 BPOLY 命令建立边界线时，并没有删除原有的对象，为避免物件重叠不容易
选取，建议开一个新的图层并切换到该图层再执行 BPOLY，必要时就可以只留下该图
层，将其冷冻，轻松愉快地取得面积。

　　2）面积加减，习惯上先加后减。

　　3）通常不用 BPOLY 命令，而以 PEDIT 来结合线
段，也非常方便。

2.2.7　求距离连点坐标

　　条件如图 2.27 所示，可提出以下问题：

　　1）当 A 点绝对坐标为（50，50）时，求作 B 点坐
标为多少？

　　2）A 点至 C 点距离为多少？

　　3）B 点至 C 点的差值为多少？

　　问题一（求作 B 点坐标）：

　　（1）执行移动 MOVE 命令将图形移到正确位置。

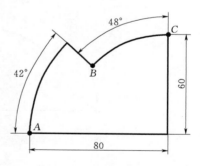

图 2.27　移动后求点坐标

命令：MOVE

选取对象：　　　　　　　　　　　　　　　　　　　　　　（选取图形）

选取对象：　　　　　　　　　　　　　　　　　　　　　　（按回车键离开）

指定基准点或位移：　　　　　　　　　　　　　　　　　　（选取基准点 A）

指定位移的第二点或＜使用第一点作为位移＞：　　　　　　（输入位移点值 50，50）

　　（2）执行 ZOOM 命令选项 E，将视窗缩放至图形最大范围，找到被移动的图形。

　　（3）执行 ID 查询点位置。

命令：ID

指定点：   （选取点 *B*）

X=85.4113　Y=90.1478　Z=0.0000   （查询结果）

　　问题二（*A* 点至 *C* 点距离）：

　　（1）执行 DIST 命令量测图 2.28 中 *A* 到 *C* 的距离。

命令：DIST

指定第一点：   （选取点 *A*）

指定第二点：   （选取点 *C*）

距离=100.0000，XY 平面内角度=37，连 XY 平面的夹角=0

X 差值=80.0000，Y 差值=60.0000，Z 差值=0.0000

　　（2）也可以对齐式 DIMALIGNED 标注来求得距离。

命令：DIMALIGNED

指定第一条延伸线原点或＜选取对象＞：   （选取点 *A*）

指定第二条延伸线原点：   （选取点 *C*）

指定标注线位置或〔多行文字（M）/文字（T）/角度（A）〕： （选取尺寸位置点）

标注文字=100

　　标注值如果需要更精确的小数位数时，可以执行 DIMSTYLE 命令来设定，或启动尺寸标注制掣点，右击鼠标，出现快点功能表，可设定该标注值的小数位数。

　　问题三（*B* 点至 *C* 点的差值）：

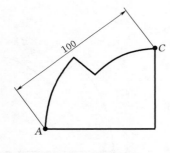

图 2.28　两点距离

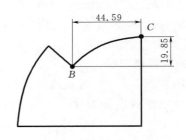

图 2.29　两点坐标差

　　（1）执行 DIST 命令，量测 *B* 到 *C* 的偏移值（图 2.29）。

命令：DIST

指定第一点：   （选取点 *B*）

指定第二点：   （选取点 *C*）

距离=48.8084，XY 平面内角度=24，连 XY 平面的夹角=0

X 差值=44.5887，Y 差值=19.8522，Z 差值=0.0000

　　（2）也可以线性 DIMLINER 命令标注来求得距离。

命令：DIMLINEAR

指定第一条延伸线原点或＜选取对象＞：   （选取点 *B*）

指定第二条延伸线原点：　　　　　　　　　　　　　（选取点 C）

指定标注线位置或［多行文字（M）/文字（T）/角度（A）/水平（H）/垂直（V）/旋
转（R）］：　　　　　　　　　　　　　　　　（移动游标往上选取一点）

标注文字＝44.59

命令：DIMLINEAR

指定第一条延伸线原点或＜选取对象＞：　　　　　　（选取点 B）

指定第二条延伸线原点：　　　　　　　　　　　　　（选取点 C）

指定标注线位置或［多行文字（M）/文字（T）/角度（A）/水平（H）/垂直（V）/旋
转（R）］：　　　　　　　　　　　　　　　　（移动游标往上选取一点）

标注文字＝19.85

2.2.8　SCALE 的巧妙连用

条件如图 2.30 所示，求圆形所转成的面积。

（1）先任意画一个正五边形。

命令：POLYGON

输入边的数目＜5＞：　　　　　　　　　　　　　　（输入边数 5）

指定多边形的中心点或［边缘（E）］：　　　　　　（输入选项 E）

指定边缘的第一个端点：　　　　　　　　　　　　　（任意选取端点 1）

指定边缘的第二个端点：　　　　　　　　　　　　　（打开［F8］模式任意往
　　　　　　　　　　　　　　　　　　　　　　　　水平方向选取端点 2）

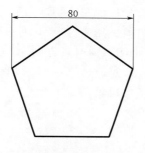　　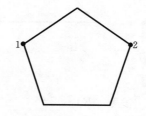

图 2.30　任意五边形　　　　　　　图 2.31　调整五边形的比例

（2）调整五边形的比例，如图 2.31 所示。

命令：SCALE

选取对象：　　　　　　　　　　　　　　　　　　　（选取五边形）

选取对象：　　　　　　　　　　　　　　　　　　　（按回车键离开选取）

指定基准点：　　　　　　　　　　　　　　　　　　（选取基准点 1）

指定比例系数或［参考（R）］：　　　　　　　　　（输入选项 R）

指定参考长度＜I＞：　　　　　　　　　　　　　　（选取参考长度点 1）

指定第二点：　　　　　　　　　　　　　　　　　　（选取参考长度点 2）

指定新长度：　　　　　　　　　　　　　　　　　　（输入新长度 80）

（3）求得图形所围成的面积。

命令：AREA

指定第一个角点或［对象（O）/加（A）/减（S）］：   （输入选项 O）

选取对象：   （选取五边形）

面积＝4205.8489，周长＝247.2136   （求得结果）

2.2.9 ROTATE 的巧妙运用

条件如图2.32所示，求图形 D 距离为多少？

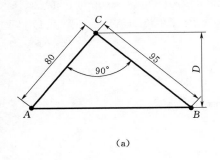

（a）   （b）

图 2.32 旋转命令的巧用

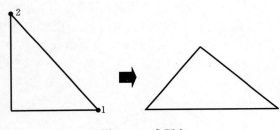

图 2.33 求距离

（1）选完成图 2.32（b）所示图形。

（2）执行旋转命令调整对象，如图 2.33 所示。

命令：ROTATE

目前使用者坐标系统中的正向角：AN-GDIR＝逆时针方向 ANGBASE＝0

选取对象：   （选取三角形）

选取对象：   （按回车键离开）

指定基准点：   （选取基准点 1）

指定比例系数或［参考（R）］：   （输入选项 R）

指定参考长度＜0＞：   （选取参考长度点 1）

指定第二点：   （选取参考长度点 2）

指定新长度：   （输入新长度 0）

（3）以线性 DIMLINEAR 命令标注来求得距离。

命令：DIMLINEAR

指定第一条延伸线原点或＜选取对象＞：   （输入并按回车键）

选取要标注的对象：   （选择 BC 线段）

指定标注线位置或［多行文字（M）/文字（T）/角度（A）/水平（H）/垂直（V）/旋转（R）］：   （移动鼠标往上选取一点）

标注文字＝61.19

（4）执行 DIST 命令，量测 C 到 B 的偏移值，如图 2.34 所示。

命令：DIST

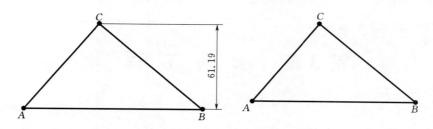

图 2.34 距离与坐标差

指定第一点：   （选取点 C）

指定第二点：   （选取点 B）

距离＝95.0000，XY 平面内角度＝320，连 XY 平面的夹角＝0

X 差值＝72.6666，Y 差值＝−61.1929，Z 差值＝0.0000

2.2.10 量取两点间的角度值

条件如图 2.35 所示，求 A 到 B 的角度。

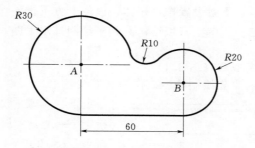

图 2.35 两点间的角度

（1）执行 DIST 命令，量测 A 到 B 的角度（选取顺序要注意）。

命令：DIST

指定第一点：   （选取点 A）

指定第二点：   （选取点 B）

距离＝60.8276，XY 平面内角度＝351，连 XY 平面的夹角＝0

X 差值＝60.0000，Y 差值＝−10.0000，Z 差值＝0.0000

（2）如果需要更精确的角度值，可以执行菜单中的"格式"→"单位"命令，或执行 UNITS 命令，设定角度小数位数，再执行命令。

第 3 章 水利工程图

　　水利工程图是用来表达水工建筑物设计意图、施工过程的图样，简称为水工图。水利工程的兴建一般需要经过勘测、规划、设计、施工和验收等 5 个阶段。各个阶段都要绘制相应的图样，不同阶段对图样有不同的要求。本章将重点研究挡水建筑物和输水建筑物结构图的实操技术。

3.1　土石坝

　　土石坝是水利工程中常见的挡水建筑物，常用来修建水库。土石坝有上游坡面和下游坡面，上游设置截水槽，下游设置排水棱体，以便上方下排而保证大坝安全，坝顶设有防浪墙，坝体内设有心墙。了解土石坝结构有利于绘制其水工图。

3.1.1　最大横断面

　　1. 根据标高绘制各高程线（图 3.1）

命令：LINE 指定第一点：（先绘制基岩线作为基准线）

指定下一点或［放弃（U）］：

指定下一点或［放弃（U）］：

命令：co COPY

选择对象：指定对角点：找到 1 个

选择对象：

当前设置：复制模式＝多个

指定基点或［位移（D）/模式（O）］＜位移＞：指定第二个点或＜使用第一个

图 3.1　高程线

点作为位移＞：60500（向上复制 60500）

指定第二个点或［退出（E）/放弃（U）］＜退出＞：58000（向上复制 58000）

指定第二个点或［退出（E）/放弃（U）］＜退出＞：57000（向上复制 57000）

指定第二个点或［退出（E）/放弃（U）］＜退出＞：45000（向上复制 45000）

指定第二个点或［退出（E）/放弃（U）］＜退出＞：32000（向上复制 32000）

指定第二个点或［退出（E）/放弃（U）］＜退出＞：18000（向上复制 18000）

指定第二个点或［退出（E）/放弃（U）］＜退出＞：10000（向上复制 10000）

　　2. 绘制心墙（图 3.2）

命令：l LINE 指定第一点：　　　　　（由中点绘制铅垂线，使用点画线）

指定下一点或［放弃（U）］：

命令：l LINE 指定第一点：3000　　　（由轴线与 80.000 高程辅助线交点向 0°追踪）

指定下一点或［放弃（U）］：

命令：ray 指定起点： （射线命令）

指定通过点：@−0.5，1 （坡度）

命令：RAY 指定起点：

指定通过点：@0.15，1

命令：tr TRIM （修剪掉多余的部分）

当前设置：投影＝UCS，边＝延伸

选择剪切边 ...

选择对象或＜全部选择＞：

选择要修剪的对象，或按住 Shift 键选择要延伸的对象，或

［栏选（F）/窗交（C）/投影（P）/边（E）/删除（R）/放弃（U）］：

选择要修剪的对象，或按住 Shift 键选择要延伸的对象，或

［栏选（F）/窗交（C）/投影（P）/边（E）/删除（R）/放弃（U）］：

命令：e ERASE 找到 1 个 （删除不需要的辅助线）

命令：指定对角点：

命令：e ERASE 找到 1 个

命令：l LINE 指定第一点： （起点为高程 80.000 与轴线的交点，基岩线）

指定下一点或［放弃（U）］：30000 （向左 30000）

命令：mi MIRROR （使用镜像命令对图形进行镜像）

选择对象：找到 1 个

选择对象：指定镜像线的第一点：指定镜像线的第二点：

要删除源对象吗？［是（Y）/否（N）］＜N＞：

   3. 绘制坝顶防浪墙（图 3.3）

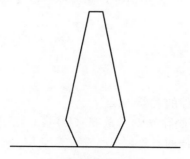

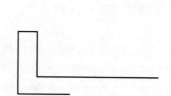

图 3.2　心墙　　　　　　　　　　图 3.3　坝顶防浪墙

命令：l LINE 指定第一点：（绘制土石坝坝顶） （第一点为 137.000 基准线与轴线的交点）

指定下一点或［放弃（U）］：2000 （向左画 2000，空格）

指定下一点或［放弃（U）］：3500 （向上输入 3500，空格）

指定下一点或［闭合（C）/放弃（U）］：1000 （向右画 1000，空格）

指定下一点或［闭合（C）/放弃（U）］：2500 （向下画 2500，空格）

指定下一点或［闭合（C）/放弃（U）］：7000 （向右画 7000，空格）

   4. 画下游坡面（图 3.4）

命令：ray 指定起点： （起点为 13800 基准线）

指定通过点：@2.7，－1

指定通过点：

命令：l LINE 指定第一点：

指定下一点或［放弃（U）］：3000 　　　　　　（起点为 125.000 基准线与 1：2.70 坡度

　　　　　　　　　　　　　　　　　　　　　　线的交点向右画 3000）

指定下一点或［放弃（U）］：

命令：ray 指定起点：

指定通过点：@3，－1

命令：l LINE 指定第一点： 　　　　　　　　　　（起点为 112.000 基准线与 1：3 坡度线的

　　　　　　　　　　　　　　　　　　　　　　交点向右画 3000）

指定下一点或［放弃（U）］：3000

指定下一点或［放弃（U）］：

命令：ray 指定起点：

指定通过点：@3，－1

命令：l LINE 指定第一点： 　　　　　　　　　　（起点为 98.000 基准线与 1：3 坡度线的

　　　　　　　　　　　　　　　　　　　　　　交点向右画 4000）

指定下一点或［放弃（U）］：4000

指定下一点或［放弃（U）］：

命令：ray 指定起点：

指定通过点：@2，－1

指定通过点：

命令：tr TRIM 　　　　　　　　　　　　　　　　（修剪命令，修剪掉不需要的部分）

当前设置：投影＝UCS，边＝延伸

选择剪切边 ...

选择对象或＜全部选择＞：找到 1 个

选择对象：

选择要修剪的对象，或按住 Shift 键选择要延伸的对象，或

［栏选（F）/窗交（C）/投影（P）/边（E）/删除（R）/放弃（U）］：

选择要修剪的对象，或按住 Shift 键选择要延伸的对象，或

［栏选（F）/窗交（C）/投影（P）/边（E）/删除（R）/放弃（U）］：

命令：TRIM

当前设置：投影＝UCS，边＝延伸

选择剪切边 ...

选择对象或＜全部选择＞：找到 1 个

选择对象：

选择要修剪的对象，或按住 Shift 键选择要延伸的对象，或

［栏选（F）/窗交（C）/投影（P）/边（E）/删除（R）/放弃（U）］：

选择要修剪的对象，或按住 Shift 键选择要延伸的对象，或

［栏选（F）/窗交（C）/投影（P）/边（E）/删除（R）/放弃（U）］：

命令：TRIM

当前设置：投影＝UCS，边＝延伸

选择剪切边 . . .

选择对象或＜全部选择＞：找到 1 个

选择对象：

选择要修剪的对象，或按住 Shift 键选择要延伸的对象，或

［栏选（F）/窗交（C）/投影（P）/边（E）/删除（R）/放弃（U）］：

选择要修剪的对象，或按住 Shift 键选择要延伸的对象，或

［栏选（F）/窗交（C）/投影（P）/边（E）/删除（R）/放弃（U）］：

命令：TRIM

当前设置：投影＝UCS，边＝延伸

选择剪切边 . . .

选择对象或＜全部选择＞：找到 1 个

选择对象：

选择要修剪的对象，或按住 Shift 键选择要延伸的对象，或

［栏选（F）/窗交（C）/投影（P）/边（E）/删除（R）/放弃（U）］：

命令：ray 指定起点：　　　　　　　（起点为 138.000 基准线与 1：2.75 坡度线的交点）

指定通过点：@－2.75，－1

指定通过点：

命令：RAY 指定起点：　　　　　　　（起点为 122.000 基准线与 1：3 坡度线的交点）

指定通过点：@－3，－1　　　　　　　　　　　　　　　　　　　　　　.

指定通过点：

命令：RAY 指定起点：　　　　　　　（起点为 106.000 基准线与 1：3.5 坡度线的交点）

指定通过点：@－3.5，－1

指定通过点：

命令：tr TRIM

当前设置：投影＝UCS，边＝延伸

选择剪切边 . . .

选择对象或＜全部选择＞：找到 1 个

选择对象：

选择要修剪的对象，或按住 Shift 键选择要延伸的对象，或

［栏选（F）/窗交（C）/投影（P）/边（E）/删除（R）/放弃（U）］：指定对角点：

窗交窗口中未包括任何对象。

选择要修剪的对象，或按住 Shift 键选择要延伸的对象，或

［栏选（F）/窗交（C）/投影（P）/边（E）/删除（R）/放弃（U）］：

选择要修剪的对象，或按住 Shift 键选择要延伸的对象，或

［栏选（F）/窗交（C）/投影（P）/边（E）/删除（R）/放弃（U）］：

命令：TRIM

当前设置：投影＝UCS，边＝延伸

选择剪切边 …

选择对象或＜全部选择＞：找到 1 个

选择对象：

选择要修剪的对象，或按住 Shift 键选择要延伸的对象，或

［栏选（F）/窗交（C）/投影（P）/边（E）/删除（R）/放弃（U）］：

　　5. 绘制堆石棱体（图 3.5）

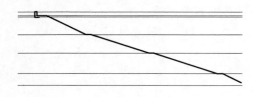 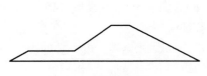

图 3.4　下游坡面　　　　　　　　　　　图 3.5　堆石棱体

命令：l LINE 指定第一点：　　　　　　　　　　（绘制堆石棱体）

指定下一点或［放弃（U）］：42000　　（1：2 坡度线与 90.000 基准线的交点向左画）

指定下一点或［放弃（U）］：@3750，2500　　　（相对坐标）

指定下一点或［闭合（C）/放弃（U）］：10000（向右）

指定下一点或［闭合（C）/放弃（U）］：　　　（连接 1：2 坡度线与 98.000 基准线的交点）

　　6. 绘制上游坝脚（图 3.6）

命令：l LINE 指定第一点：　　　　　　　（1：3.5 坡度线与 90.000 基准线的交点）

指定下一点或［放弃（U）］：@1000，−2000

指定下一点或［放弃（U）］：2000　　　　　　（向右画 2000）

指定下一点或［闭合（C）/放弃（U）］：@650，1000

指定下一点或［闭合（C）/放弃（U）］：

命令：ex EXTEND　　　　　　　　　（延伸命令，将对象延伸到指定边）

当前设置：投影＝UCS，边＝延伸

选择边界的边 …

选择对象或＜全部选择＞：

选择要延伸的对象，或按住 Shift 键选择要修剪的对象，或

［栏选（F）/窗交（C）/投影（P）/边（E）/放弃（U）］：

土石坝主体部分绘制完毕，如图 3.7 所示。

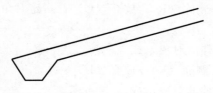 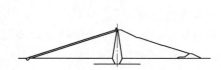

图 3.6　上游坝脚　　　　　　　　　　图 3.7　最大横断面

3.1.2 详图 A 的绘制

命令：co COPY　　　　　　　　　　　　　　　（复制命令）

选择对象：指定对角点：找到 3 个　　　　　　（选择上游坝脚）

选择对象：指定对角点：找到 2 个，总计 5 个

选择对象：找到 1 个，总计 6 个

当前设置：复制模式＝多个

指定基点或［位移（D）/模式（O）］＜位移＞：指定第二个点或＜使用第一个点作为位移＞：

指定第二个点或［退出（E）/放弃（U）］＜退出＞：＊取消＊

命令：sc SCALE　　　　　　　　　　　　　（比例缩放）

选择对象：指定对角点：找到 6 个

选择对象：

指定基点：

指定 比 例 因 子 或 ［复 制（C）/参 照（R）］
＜1000.0000＞：5

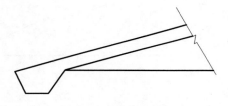

　　A 的详图如图 3.8 所示。

图 3.8　详图 A

3.1.3 详图 B 的绘制

命令：co COPY 找到 6 个

当前设置：复制模式＝多个

指定基点或［位移（D）/模式（O）］＜位移＞：指定第二个点或＜使用第一个点作为位移＞：

指定第二个点或［退出（E）/放弃（U）］＜退出＞：＊取消＊

命令：sc SCALE

选择对象：指定对角点：找到 6 个

选择对象：

指定基点：

指定比例因子或［复制（C）/参照（R）］＜5.0000＞：2.5

　　　　　　　　　　（放大 2.5 倍）

命令：m MOVE（移动到合适的位置）

选择对象：指定对角点：找到 6 个

选择对象：

指定基点或［位移（D）］＜位移＞：指定第二个点或＜使用第一个点作为位移＞：

命令：o OFFSET　　　　　　　　　　（偏移命令，绘制填充材料层）

当前设置：删除源＝否 图层＝源 OFFSETGAPTYPE＝0

指定偏移距离或［通过（T）/删除（E）/图层（L）］＜600.0000＞：300

选择要偏移的对象，或［退出（E）/放弃（U）］＜退出＞：

指定要偏移的那一侧上的点，或［退出（E）/多个（M）/放弃（U）］＜退出＞：

选择要偏移的对象，或［退出（E）/放弃（U）］＜退出＞：

命令：o OFFSET

当前设置：删除源＝否 图层＝源 OFFSETGAPTYPE＝0

指定偏移距离或［通过（T）/删除（E）/图层（L）］＜400.0000＞：450

选择要偏移的对象，或［退出（E）/放弃（U）］＜退出＞：

指定要偏移的那一侧上的点，或［退出（E）/多个（M）/放弃（U）］＜退出＞：

选择要偏移的对象，或［退出（E）/放弃（U）］＜退出＞：

命令：OFFSET

当前设置：删除源＝否 图层＝源 OFFSETGAPTYPE＝0

指定偏移距离或［通过（T）/删除（E）/图层（L）］＜450.0000＞：300

选择要偏移的对象，或［退出（E）/放弃（U）］＜退出＞：

指定要偏移的那一侧上的点，或［退出（E）/多个（M）/放弃（U）］＜退出＞：

选择要偏移的对象，或［退出（E）/放弃（U）］＜退出＞：＊取消＊

　　B 的详图如图 3.9 所示。

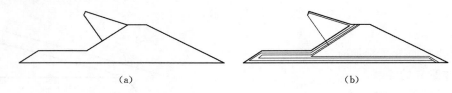

（a）　　　　　　　　　　　　　　　　（b）

图 3.9　详图 B

3.1.4　标注与填充

　　设置 3 种标注样式，测量单位比例分别为 1000、200、400，如图 3.10 所示。

命令：dli DIMLINEAR　　　　　　　　　　　　（线性标注，如图 3.11 所示）

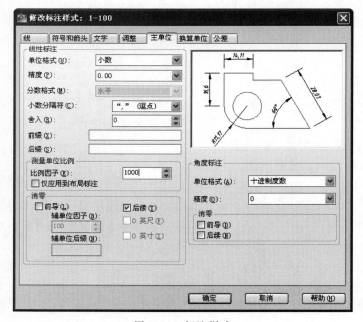

图 3.10　标注样式

指定第一条延伸线原点或＜选择对象＞：

指定第二条延伸线原点：

指定尺寸线位置或

［多行文字（M）/文字（T）/角度（A）/水平（H）/

垂直（V）/旋转（R）］：

标注文字＝600

命令：l LINE 指定第一点：　　　　　　　（绘制标高符号，高度为 3 的等腰三角形）

指定下一点或［放弃（U）］：3

指定下一点或［放弃（U）］：3

指定下一点或［闭合（C）/放弃（U）］：c

命令：mi MIRROR

选择对象：指定对角点：找到 2 个

选择对象：指定镜像线的第一点：指定镜像线的第二点：

要删除源对象吗？［是（Y）/否（N）］＜N＞：

命令：指定对角点：

命令：e ERASE 找到 1 个

命令：t MTEXT 当前文字样式："汉字"文字高度：3.5 注释性：否

指定第一角点：

指定对角点或［高度（H）/对正（J）/行距（L）/旋转（R）/样式（S）/宽度（W）/栏（C）］：

　　根据图纸要求，进行标注，如图 3.12 所示。

图 3.11 所示。

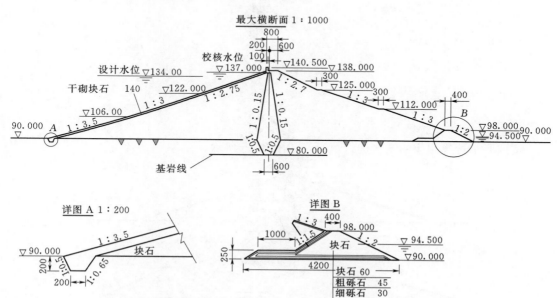

图 3.12　标注

填充

命令：el ELLIPSE

指定椭圆的轴端点或〔圆弧（A）/中心点（C）〕：

指定轴的另一个端点：

指定另一条半轴长度或〔旋转（R）〕：

命令：ar ARRAY   （阵列命令，如图 3.13 所示）

指定阵列中心点：

选择对象：指定对角点：找到 1 个

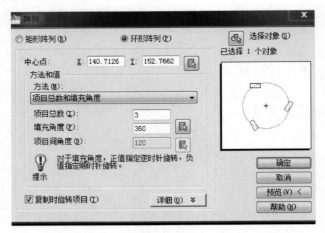

图 3.13   "阵列"对话框

绘制剖面材料符号，如图 3.14 所示。

(a)   (b)   (c)

图 3.14   剖面材料符号

按照要求选择相应的图案进行填充，如图 3.15 所示。

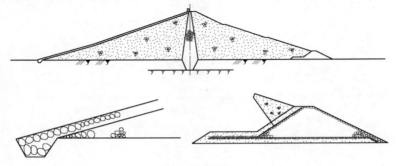

图 3.15   填充

完善填充及标注，如图 3.16 所示。

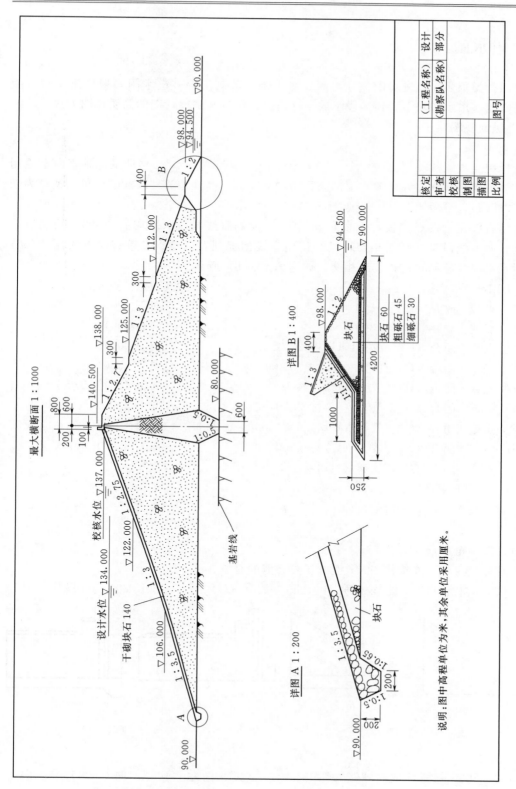

图 3.16 土坝结构

3.2 进水闸

水闸种类很多,有进水闸、分水闸、泄洪闸、节制闸等。进水闸一般由进水口、闸室、消力池、出水口和下游连接段组成。这里仅介绍进水闸设计图的简明作图方法。

3.2.1 纵剖视图

1. 进口段

选择粗实线图层使用直线命令(L),水平向右绘制"3800",移动鼠标垂直向上绘制"2300"(上部高程为"5.800",下部高程为"3.500",高程差为"2.300",单位换算为毫米即"2300"),最后闭合(C),如图 3.17(a)所示。

使用直线左侧端点捕捉,垂直向下"600"绘制直线段,水平向右"300"绘制直线段,垂直向上线段与水平线相交,继续使用直线捕捉到右侧端点,垂直向下绘制"400"线段后水平向左绘制,与粗实线相交,如图 3.17(b)所示。

命令:l LINE 指定第一点:	(随意一点)(A 点)
指定下一点或[放弃(U)]:600	(向下 600)
指定下一点或[放弃(U)]:300	(向右 300)
指定下一点或[闭合(C)/放弃(U)]:200	(向上 200)
指定下一点或[闭合(C)/放弃(U)]:3500	(向右 3500)
指定下一点或[闭合(C)/放弃(U)]:400	(向上 400)(B 点)
指定下一点或[闭合(C)/放弃(U)]:2300	(向上 2300)
指定下一点或[闭合(C)/放弃(U)]:@−3800,−2300	(相对坐标)
指定下一点或[闭合(C)/放弃(U)]:3800	(向右 3800)
指定下一点或[闭合(C)/放弃(U)]:	(回车)

命令:ex EXTEND

当前设置:投影=UCS,边=延伸

选择边界的边 ...

选择对象或<全部选择>:

选择要延伸的对象,或按住 Shift 键选择要修剪的对象,或

[栏选(F)/窗交(C)/投影(P)/边(E)/放弃(U)]: (延长 200 的线段)

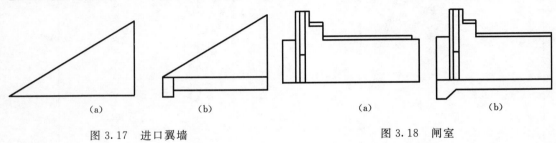

(a) (b)	(a) (b)
图 3.17 进口翼墙	图 3.18 闸室

2. 闸室

沿"3.500"基准线向右"7200"、向上"2300"、向左"400"、向左"4700"、向上

"700"、向左 "700"、向上 "800"、向左 "700" 分别绘制线段，向下与粗实线相交，进口段最高点作水平线向右与粗实线相交，板厚 "200"（由 A-A 剖视图读出），将两条水平线分别向上偏移 "200" 后直线连接，将左侧最高垂直线向右分别复制 "200" "500"（尺寸从平面图读取），利用对象追踪画比基准线高 "1500" 的水平线，如图 3.18（a）所示。

下部左右对称，可先画一侧再镜像（MI），自左侧向下 "1000"、向右 "500"，输入坐标 "@500, 500"（向右 500，高程差算出向上也 500），将左侧部分镜像（MI）后用直线连接，如图 3.18（b）所示。

命令：l LINE 指定第一点：	（*b* 点）
指定下一点或［放弃（U）］：1000	（向下 1000）
指定下一点或［放弃（U）］：500	（向右 500）
指定下一点或［闭合（C）/放弃（U）］：@500, 500	（相对坐标）
指定下一点或［闭合（C）/放弃（U）］：5200	（向右 5200）
指定下一点或［闭合（C）/放弃（U）］：@500, −500	（相对坐标）
指定下一点或［闭合（C）/放弃（U）］：500	（向右 500）
指定下一点或［闭合（C）/放弃（U）］：1000	（向上 1000）
指定下一点或［闭合（C）/放弃（U）］：	（按回车键）
命令：LINE 指定第一点：	（*b* 点）
指定下一点或［放弃（U）］：2300	（向上 2300）
指定下一点或［放弃（U）］：700	（向右 700）
指定下一点或［闭合（C）/放弃（U）］：1500	（向上 1500）
指定下一点或［闭合（C）/放弃（U）］：800	（向右 800）
指定下一点或［闭合（C）/放弃（U）］：700	（向下 700）
指定下一点或［闭合（C）/放弃（U）］：700	（向右 700）
指定下一点或［闭合（C）/放弃（U）］：700	（向下 700）
指定下一点或［闭合（C）/放弃（U）］：5100	（向右 5100）
指定下一点或［闭合（C）/放弃（U）］：2300	（向下 2300）（*c* 点）
指定下一点或［闭合（C）/放弃（U）］：7200	（向左 7200）
指定下一点或［闭合（C）/放弃（U）］：	（按回车键）

盖板：

命令：LINE 指定第一点：200	（从 3 向上追踪 200）
指定下一点或［放弃（U）］：700	（向右 700）
指定下一点或［放弃（U）］：700	（向下 700）
指定下一点或［闭合（C）/放弃（U）］：4700	（向右 4700）
指定下一点或［闭合（C）/放弃（U）］：200	（向下 200）
指定下一点或［闭合（C）/放弃（U）］：	（按回车键）

闸：

命令：ex EXTEND	（延长 12 直线）
当前设置：投影＝UCS，边＝延伸	

选择边界的边 . . .

选择对象或＜全部选择＞：

选择要延伸的对象，或按住 Shift 键选择要修剪的对象，或
［栏选（F）/窗交（C）/投影（P）/边（E）/放弃（U）］：

选择要延伸的对象，或按住 Shift 键选择要修剪的对象，或
［栏选（F）/窗交（C）/投影（P）/边（E）/放弃（U）］：

选择要延伸的对象，或按住 Shift 键选择要修剪的对象，或
［栏选（F）/窗交（C）/投影（P）/边（E）/放弃（U）］：

命令：co COPY

选择对象：找到 1 个

选择对象：

当前设置：复制模式＝多个

指定基点或［位移（D）/模式（O）］＜位移＞：指定第二个点或＜使用第一个点作为位
移＞：200

（将延长线向右复制 200）

指定第二个点或［退出（E）/放弃（U）］＜退出＞：500   （将延长线向右复制 500）

指定第二个点或［退出（E）/放弃（U）］＜退出＞：

命令：lLINE 指定第一点：1800   （从 4 点向上追踪 1800）

指定下一点或［放弃（U）］：300   （向左 300）

指定下一点或［放弃（U）］：   （按回车键）

3. 消力池

沿基准线水平向右"7000"、向上"2300"（或与左侧水闸追踪平齐）画线，向左与粗
实线相交。用射线绘制坡度 1∶2.5（使用相对坐标"@2.5，−1"），将射线向下复制
"400"，直线从右侧端点向下"800"，向右与下方射线相交，从右侧端点向右追踪"400"
后向下画"400"，向右与上方射线相交，剪掉（TR）多余部分，如图 3.19 所示。

命令：lLINE 指定第一点：   （c 点）

指定下一点或［放弃（U）］：@1000，−400   （相对坐标）

指定下一点或［放弃（U）］：5600   （向右 5600）

指定下一点或［闭合（C）/放弃（U）］：400   （向上 400）

指定下一点或［闭合（C）/放弃（U）］：400   （向右 400）（d 点）

指定下一点或［闭合（C）/放弃（U）］：800   （向下 800）

指定下一点或［闭合（C）/放弃（U）］：6000   （向左 6000）

指定下一点或［闭合（C）/放弃（U）］：@−1000，400   （相对坐标）

指定下一点或［闭合（C）/放弃（U）］：2700   （向上 2700）

指定下一点或［闭合（C）/放弃（U）］：7000   （向右 7000）

指定下一点或［闭合（C）/放弃（U）］：2300   （向下 2300）（d 点）

指定下一点或［闭合（C）/放弃（U）］：7000   （向左 7000）

指定下一点或［闭合（C）/放弃（U）］：   （按回车键）

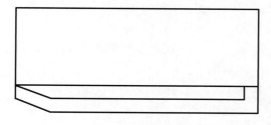

图 3.19 消力池

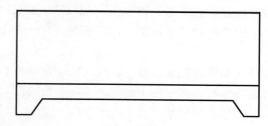

图 3.20 出口段

4. 出口段

沿基准线向右"4600"、向上"2300"画线，向右与左侧粗实线相交。自右侧端点向下"700"、向左"300"画线，相对坐标"@－200，300"，镜像（MI）后用直线连接，如图 3.20 所示。

命令：LINE 指定第一点：700 （*d* 点为起点，向下左总 700）

指定下一点或［放弃（U）］：300 （向右追踪 300）

指定下一点或［放弃（U）］：@200，300 （相对坐标）

指定下一点或［闭合（C）/放弃（U）］：3600 （向右 3600）

指定下一点或［闭合（C）/放弃（U）］：@200，－300 （相对坐标）

指定下一点或［闭合（C）/放弃（U）］：300 （向右 300）

指定下一点或［闭合（C）/放弃（U）］：700 （向上 700）（*e* 点）

指定下一点或［闭合（C）/放弃（U）］：2300 （向上 2300）

指定下一点或［闭合（C）/放弃（U）］：4600 （向左 4600）

指定下一点或［闭合（C）/放弃（U）］：2300 （向下 2300）

指定下一点或［闭合（C）/放弃（U）］：4600 （向右 4600）

指定下一点或［闭合（C）/放弃（U）］： （按回车键）

3.2.2 平面图

平面图前后对称，可先画出一半再镜像。先选择点画线图层，使用直线命令绘制基准线。

1. 进口段

使用粗实线图层从基准线开始向上绘制"9800/2"（注意与纵剖视图长对正），右端长对正后向上"3000"，再向上"300"后，连接到左上端点，将斜线向下复制"300"。使用虚线图层长对正画出左侧不可见轮廓线如图 3.21 所示。

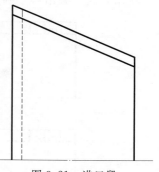

图 3.21 进口段

命令：l LINE 指定第一点： （画一条水平点画线）

指定下一点或［放弃（U）］：4900 （以 A 点为起点向上画 4900）

指定下一点或［放弃（U）］：@3800，－1600 （输入坐标@3800，－1600）

指定下一点或［闭合（C）/放弃（U）］：3300 （向下画 3300）

命令：o OFFSET

当前设置：删除源＝否 图层＝源 OFFSETGAPTYPE＝0

指定偏移距离或［通过（T）/删除（E）/图层（L）］＜3.0000＞：300

（输入偏移距离 300）

选择要偏移的对象，或［退出（E）/放弃（U）］＜退出＞：

指定要偏移的那一侧上的点，或［退出（E）/多个（M）/放弃（U）］＜退出＞：

选择要偏移的对象，或［退出（E）/放弃（U）］＜退出＞：

指定要偏移的那一侧上的点，或［退出（E）/多个（M）/放弃（U）］＜退出＞：

选择要偏移的对象，或［退出（E）/放弃（U）］＜退出＞：＊取消＊

命令：e ERASE 找到 1 个　　　　　　　　　　（删除需要删除的地方）

命令：tr TRIM　　　　　　　　　　　　　　（修剪需要修剪的地方）

当前设置：投影＝视图，边＝无

选择剪切边 …

选择对象或＜全部选择＞：

选择要修剪的对象，或按住 Shift 键选择要延伸的对象，或

［栏选（F）/窗交（C）/投影（P）/边（E）/删除（R）/放弃（U）］：

选择要修剪的对象，或按住 Shift 键选择要延伸的对象，或

［栏选（F）/窗交（C）/投影（P）/边（E）/删除（R）/放弃（U）］：＊取消＊

　　2. 闸室

　　用粗实线长对正，画出右侧轮廓线“3000”，从左侧端点向右“700”、“200”，向上“200”，向右“300”，对称，可镜像，向右“700”后连接到右侧端点，向上“500”，向左与左侧对齐后向下连接闭合。对 3 个端点分别向上作垂直线，与上方轮廓线相交，如图 3.22（a）所示。

　　将部分图形镜像，如图 3.22（b）所示，镜像部分向上移动“400”，如图 3.22（c）所示。

　　在左右两端画出 400 圆后剪掉多余部分，画出垂直方向线，如图 3.22（d）所示。

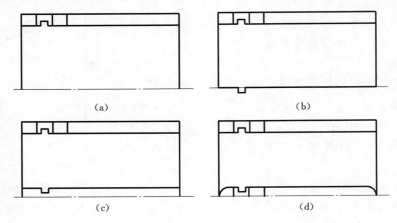

（a）　　　　　　　　　　　　（b）

（c）　　　　　　　　　　　　（d）

图 3.22　闸室

命令：l LINE 指定第一点：　　　　　　　　（指定 B 点）

指定下一点或［放弃（U）］：3500　　　　　　（向上画 3500）

指定下一点或［放弃（U）］：7200　　　　　　　（向右画 7200）

指定下一点或［闭合（C）/放弃（U）］：500　　（向下画 500）

指定下一点或［闭合（C）/放弃（U）］：5100　（向右画 5100）

指定下一点或［闭合（C）/放弃（U）］：900　　（向右画 900）

指定下一点或［闭合（C）/放弃（U）］：200　　（向上画 200）

指定下一点或［闭合（C）/放弃（U）］：300　　（向左画 300）

指定下一点或［闭合（C）/放弃（U）］：200　　（向下画 200）

指定下一点或［闭合（C）/放弃（U）］：900　　（向右画 900）

命令：LINE 指定第一点：　　　　　　　　　　　（指定 1 点）

命令：LINE 指定第一点：700　　　　　　　　　　（打开对象极轴追踪向右追踪 700）

指定下一点或［放弃（U）］：500　　　　　　　　（向上画 500）

命令：LINE 指定第一点：　　　　　　　　　　　（指定 1 点）

命令：LINE 指定第一点：1400　　　　　　　　　　（打开对象极轴追踪向右追踪 1400）

指定下一点或［放弃（U）］：500　　　　　　　　（向上画 500）

命令：LINE 指定第一点：　　　　　　　　　　　（指定 1 点）

指定下一点或［放弃（U）］：2100　　　　　　　　（打开对象极轴追踪向右追踪 2100）

指定下一点或［放弃（U）］：500　　　　　　　　（向上画 500）

命令：l LINE 指定第一点：　　　　　　　　　　　（指定 1 点）

指定下一点或［放弃（U）］：2600　　　　　　　　（向下画 2600 作中心线）

命令：mi MIRROR

选择对象：指定对角点：找到 17 个　　　　　　　（选择画出的挡板）

选择对象：指定镜像线的第一点：指定镜像线的第二点：

要删除源对象吗？［是（Y）/否（N）］＜N＞：

命令：m MOVE

选择对象：找到 1 个　　　　　　　　　　　　　（连续选择对象）

选择对象：指定对角点：找到 5 个，总计 6 个

选择对象：找到 1 个，总计 16 个

选择对象：　　　　　　　　　　　　　　　　　（选择镜像过后的挡板进行移动）

指定基点或［位移（D）］＜位移＞：指定第二个点或＜使用第一个点作为位移＞：1

命令：tr TRIM　　　　　　　　　　　　　　　　（修剪需要修剪的部分）

当前设置：投影＝视图，边＝无

选择剪切边 ...

选择对象或＜全部选择＞：

选择要修剪的对象，或按住 Shift 键选择要延伸的对象，或

［栏选（F）/窗交（C）/投影（P）/边（E）/删除（R）/放弃（U）］：

选择要修剪的对象，或按住 Shift 键选择要延伸的对象，或

［栏选（F）/窗交（C）/投影（P）/边（E）/删除（R）/放弃（U）］：

选择要修剪的对象，或按住 Shift 键选择要延伸的对象，或

［栏选（F）/窗交（C）/投影（P）/边（E）/删除（R）/放弃（U）］：

选择要修剪的对象，或按住 Shift 键选择要延伸的对象，或

［栏选（F）/窗交（C）/投影（P）/边（E）/删除（R）/放弃（U）］：

选择要修剪的对象，或按住 Shift 键选择要延伸的对象，或

［栏选（F）/窗交（C）/投影（P）/边（E）/删除（R）/放弃（U）］：＊取消＊

命令：a ARC 指定圆弧的起点或［圆心（C）］： （指定 B 点）

指定圆弧的第二个点或［圆心（C）/端点（E）］：e （输入端点 e）

指定圆弧的端点：（指定第二点）

指定圆弧的圆心或［角度（A）/方向（D）/半径（R）］：r 指定圆弧的半径：400

（输入半径 400）

命令：mi MIRROR （选择画出的圆弧进行镜像）

选择对象：找到 1 个

选择对象：指定镜像线的第一点：

指定镜像线的第二点： （选择镜像点）

要删除源对象吗？［是（Y）/否（N）］＜N＞：

3. 消力池

用粗实线长对正，从基准线向上 "10800/2"，连接到左侧对应点，右上端点开始向上 "600"、向左 "400"、向下 "212"（右侧尺寸 2100＋600－2488＝212），连接到对应点，利用长对正绘制垂直线，如图 3.23 所示。

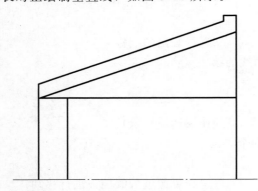
图 3.23 消力池

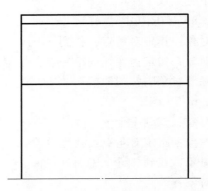
图 3.24 出口段

命令：l LINE 指定第一点： （指定 C 点）

指定下一点或［放弃（U）］：3500 （向上画 3500）＊

指定下一点或［放弃（U）］：@6600，2300 （输入坐标@6600，2300）

指定下一点或［闭合（C）/放弃（U）］：200 （向上画 200）

指定下一点或［闭合（C）/放弃（U）］：400 （向右画 400）

指定下一点或［闭合（C）/放弃（U）］：3000 （向下画 3000）

指定下一点或［闭合（C）/放弃（U）］：7000 （向左画 7000）

4. 出口段

长对正画出外部轮廓，将上轮廓线向上偏移 "300" 和向下偏移 "2100" 后画直线闭

合，如图 3.24 所示。

命令：l LINE 指定第一点： （指定 2 点向下画 3000）

指定下一点或［放弃（U）］：3000 （向下画 3000）

命令：co COPY

选择对象：找到 1 个 （选择画出的直线）

选择对象：

当前设置：复制模式＝多个

指定基点或［位移（D）/模式（O）］＜位移＞：指定第二个点或＜使用第一个点作为位

移＞：6000 （向左复制输入距离 6000）

命令：l LINE 指定第一点： （指定 *e* 点）

指定下一点或［放弃（U）］：5700 （向上画 5700）

指定下一点或［放弃（U）］：4600 （向右画 4600）

指定下一点或［闭合（C）/放弃（U）］：5700 （向下画 5700）

命令：co COPY

选择对象：找到 1 个

选择对象： （选择上边画出的水平距离为 4600 的线）

当前设置：复制模式＝多个

指定基点或［位移（D）/模式（O）］＜位移＞：指定第二个点或＜使用第一个点作为位

移＞：300 （向下复制输入距离 300）

指定第二个点或［退出（E）/放弃（U）］＜退出＞：2400 （向下复制输入距离 2400）

命令：mi MIRROR （选择画出的上半部分进行镜像）

选择对象：指定对角点：找到 112 个

选择对象：指定镜像线的第一点：指定镜像线的第二点：

要删除源对象吗？［是（Y）/否（N）］＜N＞：

5. 镜像

完成后将 4 部分的虚线、素线和示坡线一并画出后，再镜像以提高绘图速度。

用虚线画出不可见轮廓线，用细实线画出素线（可采用定数等分的方法）和示坡线，如图 3.25 所示。

命令：LINE 指定第一点： （指定 3 点）

指定下一点或［放弃（U）］：@3500，−600 （输入坐标@3500，−600）

指定下一点或［放弃（U）］：7200 （向右画 7200）

指定下一点或［闭合（C）/放弃（U）］：@6600，−600

（输入坐标@6600，−600）

指定下一点或［闭合（C）/放弃（U）］：5000 （向右画 5000）

命令：l LINE 指定第一点： （指定 4 点）

指定下一点或［放弃（U）］：3600 （向下画 3600）

命令：co COPY （选择画出的线）

选择对象：找到 1 个

选择对象：

当前设置：复制模式＝多个

指定基点或［位移（D）/模式（O）］＜位移＞：指定第二个点或＜使用第一个点作为位

移＞：300　　　　　　　　　　　　　　　　　（向左复制 300）

指定第二个点或［退出（E）/放弃（U）］＜退出＞：500

　　　　　　　　　　　　　　　　　　　　　　（向左复制 500）

命令：l LINE 指定第一点：1400　　　　　　（指定 1 点向上画 1400）

指定下一点或［放弃（U）］：7200　　　　　（向右画 7200）

指定下一点或［放弃（U）］：@7000，－600　（输入坐标@7000，600）

命令：l LINE 指定第一点：　　　　　　　　（指定 5 点）

指定下一点或［放弃（U）］：900　　　　　　（向上画 900）

命令：mi MIRROR　　　　　　　　　　　　（选择画出的虚线）

选择对象：找到 1 个

选择对象：找到 1 个，总计 2 个

选择对象：指定对角点：找到 147 个（2 个重复），总计 147 个

选择对象：指定镜像线的第一点：指定镜像线的第二点：

要删除源对象吗？［是（Y）/否（N）］＜N＞：

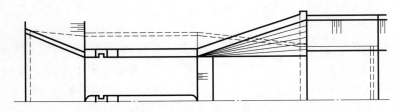

图 3.25　半平面图

使用镜像命令（MI）将后半部分镜像，如图 3.26 所示。

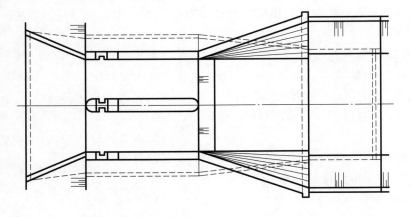

图 3.26　平面图

3.2.3 *A-A* 剖视图

先绘制进口底板与"八"字翼墙，再绘制闸墙，最后绘制闸门与工作桥，如图 3.27 （a）所示。

命令：l LINE 指定第一点：	（指定任一点为起点）
指定下一点或 [放弃 （U）]：4900	（向右画 4900）
指定下一点或 [放弃 （U）]：400	（向下画 400）
指定下一点或 [闭合 （C） /放弃 （U）]：4900	（向左画 4900）
指定下一点或 [闭合 （C） /放弃 （U）]：400	（向上画 400）
指定下一点或 [闭合 （C） /放弃 （U）]：@1600，2300	（Shift＋@输入相对坐标值）
指定下一点或 [闭合 （C） /放弃 （U）]：300	（向右画 300）
指定下一点或 [闭合 （C） /放弃 （U）]：@−1600，−2300	
	（Shift＋@输入相对坐标值）

回车结束命令

命令：l LINE 指定第一点：	（指定第一点为 *A* 点）
指定下一点或 [放弃 （U）]：	（指定第二点为 *B* 点）
命令：co COPY	（将该直线复制）

选择对象：指定对角点：找到 1 个

选择对象：

当前设置：复制模式＝多个

指定基点或 [位移 （D） /模式 （O）] ＜位移＞：指定第二个点或＜使用第一个点作为位移＞：200	（向左复制距离为 200）
指定第二个点或 [退出 （E） /放弃 （U）] ＜退出＞：2600	（向右复制距离位为 2600）
令：l LINE 指定第一点：500	（追踪 *A* 点向下 500）
指定下一点或 [放弃 （U）]：	（指定第二点为 *C* 点）
命令：co COPY	（将该直线复制）

选择对象：指定对角点：找到 1 个

选择对象：

当前设置：复制模式＝多个

指定基点或 [位移 （D） /模式 （O）] ＜位移＞：指定第二个点或＜使用第一个点作为位移＞：500	（向上复制 500）
指定第二个点或 [退出 （E） /放弃 （U）] ＜退出＞：700	（向上复制 700）
指定第二个点或 [退出 （E） /放弃 （U）] ＜退出＞：1200	（向上复制 1200）
指定第二个点或 [退出 （E） /放弃 （U）] ＜退出＞：1400	（向上复制 1400）
命令：l LINE 指定第一点：	（捕捉第一点为 *A* 点）
指定下一点或 [放弃 （U）]：1500	（向上画 1500）

回车结束命令

命令：co COPY

选择对象：指定对角点：找到 1 个

选择对象： （选定该直线）

当前设置：复制模式＝多个

指定基点或［位移（D）/模式（O）］＜位移＞：指定第二个点或＜使用第一个点作为位
移＞：200 （向左复制 200）

指定第二个点或［退出（E）/放弃（U）］＜退出＞：300 （向左复制 300）

指定第二个点或［退出（E）/放弃（U）］＜退出＞：1300 （向右复制 1300）

指定第二个点或［退出（E）/放弃（U）］＜退出＞：2600 （向右复制 2600）

指定第二个点或［退出（E）/放弃（U）］＜退出＞：2800 （向右复制 2800）

指定第二个点或［退出（E）/放弃（U）］＜退出＞：

回车结束命令

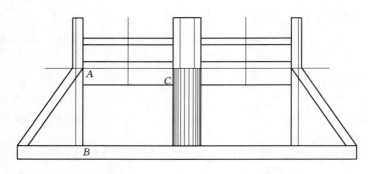

图 3.27 *A*-*A* 剖视图

命令：ex EXTEND （将不足的部分进行延伸，并
补上顶部的线）

当前设置：投影＝UCS，边＝延伸

选择边界的边 ...

选择对象或＜全部选择＞：

选择要延伸的对象，或按住 Shift 键选择要修剪的对象，或

［栏选（F）/窗交（C）/投影（P）/边（E）/放弃（U）］：（将不足的部分进行延伸，并
补上顶部的线）

按回车键结束命令。

夹点编辑选定点 D 向左拉伸 800。

命令：co COPY

选择对象：指定对角点：找到 1 个 （选定直线 1）

选择对象：

当前设置：复制模式＝多个

指定基点或［位移（D）/模式（O）］＜位移＞：指定第二个点或＜使用第一个点作为位
移＞：30 （向右复制 30）

指定第二个点或［退出（E）/放弃（U）］＜退出＞：80 （向右复制 80）

指定第二个点或［退出（E）/放弃（U）］＜退出＞：140 （向右复制 140）

指定第二个点或［退出（E）/放弃（U）］＜退出＞：220　　（向右复制 220）

指定第二个点或［退出（E）/放弃（U）］＜退出＞：330　　（向右复制 330）

指定第二个点或［退出（E）/放弃（U）］＜退出＞：

按回车键结束命令。

将左半部分进行镜像。

命令：mi MIRROR

选择对象：指定对角点：找到 29 个

选择对象：指定镜像线的第一点：指定镜像线的第二点：

要删除源对象吗？［是（Y）/否（N）］＜N＞：

按回车键结束命令

3.2.4　B-B 断面图

用直线命令绘制"山"字形断面图，并填充材料符号，如图 3.28 所示。

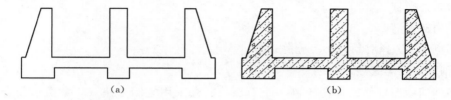

(a)　　　　　　　　　　　　　　　　　(b)

图 3.28　B-B 断面图

命令：l LINE 指定第一点　　　　　　　　　（指定任一点为起点）

指定下一点或［放弃（U）］：500　　　　　　（向左画 500）

指定下一点或［放弃（U）］：500　　　　　　（向上 500）

指定下一点或［闭合（C）/放弃（U）］：2400　（向左 500）

指定下一点或［闭合（C）/放弃（U）］：500　（向下 500）

指定下一点或［闭合（C）/放弃（U）］：1500　（向左 1500）

指定下一点或［闭合（C）/放弃（U）］：1000　（向上 1000）

指定下一点或［闭合（C）/放弃（U）］：200　（向右 200）

指定下一点或［闭合（C）/放弃（U）］：@700，2300　（Shift+@输入相对坐标值）

指定下一点或［闭合（C）/放弃（U）］：500　（向右 500）

指定下一点或［闭合（C）/放弃（U）］：2300　（向下 2300）

指定下一点或［闭合（C）/放弃（U）］：2600　（向右 2600）

指定下一点或［闭合（C）/放弃（U）］：2300　（向上 2300）

指定下一点或［闭合（C）/放弃（U）］：400　（向右 400）

指定下一点或［闭合（C）/放弃（U）］：

按回车键结束命令。

命令：mi MIRROR　　　　　　　　　　　　　（对左半部分进行镜像）

选择对象：指定对角点：找到 13 个

选择对象：指定镜像线的第一点：指定镜像线的第二点：

要删除源对象吗？［是（Y）/否（N）］＜N＞：

命令：h HATCH   （第一次填充选择 AR-CONC，
                                                  比例为3）

拾取内部点或［选择对象（S）/删除边界（B）］：正在选择所有对象…

正在选择所有可见对象…

正在分析所选数据…

正在分析内部孤岛…

拾取内部点或［选择对象（S）/删除边界（B）］：

命令：h HATCH   （第二填充选择 ANSI31，比
                                                  例为100）

拾取内部点或［选择对象（S）/删除边界（B）］：正在选择所有对象…

正在选择所有可见对象…

正在分析所选数据…

正在分析内部孤岛…

拾取内部点或［选择对象（S）/删除边界（B）］：

3.2.5 剖面填充与素线示坡线

选择剖面线图层使用椭圆绘制一个石头，其余采用复制方法（注意图形闭合问题），如图 3.29（a）所示，选择"SOILD"图案填充，如图 3.29（b）所示。

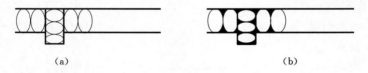

（a）   （b）

图 3.29 填充浆砌石

绘制纵剖视图素线，可将平面图圆弧等分后作构造线（XL）修剪，左侧绘制完成后镜像，示坡线可复制平面图，填充后如图 3.30 所示。

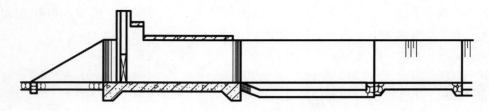

图 3.30 素线与示坡线

3.2.6 图名和标注

选择文字尺寸图层，书写图名和标注尺寸，如图 3.31 所示。

纵剖视图 1：100

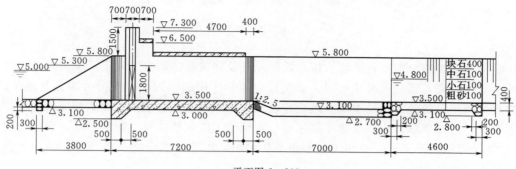

平面图 1：100

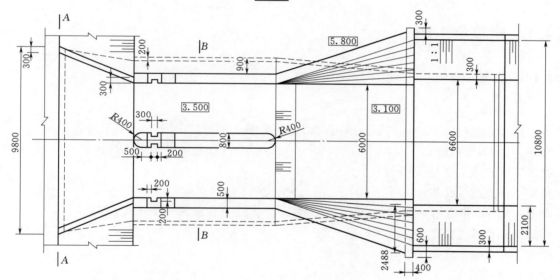

图 3.31 进水闸设计图

第4章 房屋建筑图

将一幢房屋的全貌及各细部，按正投影原理及建筑制图的有关规定，准确而详尽地在图纸上表达出来，就是房屋建筑图。根据其内容和作用的不同，一般可分为建筑施工图、结构施工图和设备施工图。本章重点论述建筑施工图画法，建筑施工图主要反映建筑物的规划位置、内外装修、构造及施工要求等。建筑施工图包括首页（图纸目录、设计总说明等）、总平面图，平面图、立面图、剖面图和详图。本章详细介绍平面图、立面图、剖面图的实操技术。

4.1 建筑施工图

4.1.1 二层平面图

1. 轴网

用中心线将每个墙体的轴线画出，如图 4.1 所示。

命令：l LINE 指定第一点：　　　　　　　　　　　　　　（任意画一条水平线）

指定下一点或［放弃（U）］：

指定下一点或［放弃（U）］：

命令：LINE 指定第一点：　　　　　　　　　　　　　　　（任意画一条垂线）

指定下一点或［放弃（U）］：

指定下一点或［放弃（U）］：

命令：co COPY

选择对象：找到 1 个

选择对象：

当前设置：复制模式＝多个

指定基点或［位移（D）/模式（O）］＜位移＞：指定第二个点或＜使用第一个点作为位移＞：1590　　　　　　　　　　　　　　（将轴线向上偏移 1590）

指定第二个点或［退出（E）/放弃（U）］＜退出＞：（按回车键）

命令：COPY

选择对象：找到 1 个

选择对象：

当前设置：复制模式＝多个

指定基点或［位移（D）/模式（O）］＜位移＞：指定第二个点或＜使用第一个点作为位移＞：3900　　　　　　　　　　　　　　　　（向上偏移 3900）

指定第二个点或［退出（E）/放弃（U）］＜退出＞：（按回车键）

命令：COPY

选择对象：找到 1 个

选择对象：

当前设置：复制模式＝多个

指定基点或［位移（D）/模式（O）］＜位移＞：指定第二个点或＜使用第一个点作为位移＞：1200　　　　　　　　　　　　　（向上偏移 1200）

指定第二个点或［退出（E）/放弃（U）］＜退出＞：（按回车键）

命令：COPY

选择对象：找到 1 个

选择对象：

当前设置：复制模式＝多个

指定基点或［位移（D）/模式（O）］＜位移＞：指定第二个点或＜使用第一个点作为位移＞：3600　　　　　　　　　　　　　（向上偏移 3600）

指定第二个点或［退出（E）/放弃（U）］＜退出＞：（按回车键）

命令：co COPY

选择对象：找到 1 个

选择对象：

当前设置：复制模式＝多个

指定基点或［位移（D）/模式（O）］＜位移＞：指定第二个点或＜使用第一个点作为位移＞：3300　　　　　　　　　　　（将轴线向右偏移 3300）

指定第二个点或［退出（E）/放弃（U）］＜退出＞：（按回车键）

命令：COPY

选择对象：找到 1 个

选择对象：

当前设置：复制模式＝多个

指定基点或［位移（D）/模式（O）］＜位移＞：指定第二个点或＜使用第一个点作为位移＞：3900　　　　　　　　　　　　　（向右偏移 3900）

指定第二个点或［退出（E）/放弃（U）］＜退出＞：（按回车键）

命令：COPY

选择对象：找到 1 个

选择对象：

当前设置：复制模式＝多个

指定基点或［位移（D）/模式（O）］＜位移＞：指定第二个点或＜使用第一个点作为位移＞：1800　　　　　　　　　　　　　（向右偏移 1800）

指定第二个点或［退出（E）/放弃（U）］＜退出＞：（按回车键）

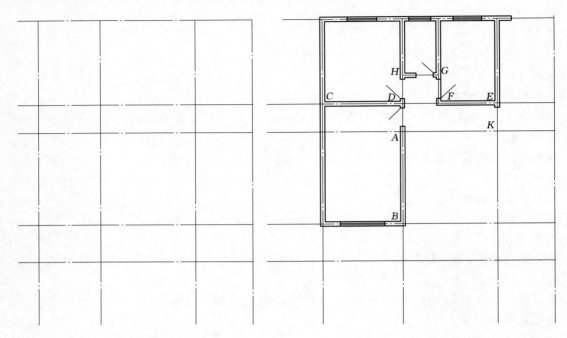

图 4.1 轴网   图 4.2 墙体

2. 墙体

先设置多线样式，再用多线命令绘制墙体，如图 4.2 所示。

命令：ml MLINE

当前设置：对正＝无，比例＝180.00，样式＝Q

指定起点或［对正（J）/比例（S）/样式（ST）］：240   （从 A 点向上追踪 240）

指定下一点：   （向下画至 B 点）

指定下一点或［放弃（U）］：750   （向左画 750）

指定下一点或［闭合（C）/放弃（U）］：   （按回车键）

命令：

MLINE

当前设置：对正＝无，比例＝180.00，样式＝Q

指定起点或［对正（J）/比例（S）/样式（ST）］：1800 （以上一点终点为起点向左追踪 1800）

指定下一点：750   （向左画 750）

指定下一点或［放弃（U）］：   （向上画至最上面的交点）

指定下一点或［闭合（C）/放弃（U）］：1050   （向右画 1050）

指定下一点或［闭合（C）/放弃（U）］：   （按回车键）

命令：

MLINE

当前设置：对正＝无，比例＝180.00，样式＝Q

指定起点或［对正（J）/比例（S）/样式（ST）］：1200

指定下一点：1050　　　　　　　　　　　（以上一点的终点为起点向右追踪 1200）

（向右画 1050）

指定下一点或［放弃（U）］：300　　　　（向右画 300）

指定下一点或［闭合（C）/放弃（U）］：　（按回车键）

命令：

MLINE

当前设置：对正＝无，比例＝180.00，样式＝Q

指定起点或［对正（J）/比例（S）/样式（ST）］：900

（以上一点的终点为起点向右追踪 900）

指定下一点：300　　　　　　　　　　　（向右画 300）

指定下一点或［放弃（U）］：600　　　　（向右画 600）

指定下一点或［闭合（C）/放弃（U）］：　（按回车键）

命令：

MLINE

当前设置：对正＝无，比例＝180.00，样式＝Q

指定起点或［对正（J）/比例（S）/样式（ST）］：1200

（以上一点的终点为起点向右追踪 1200）

指定下一点：1200　　　　　　　　　　　（向右画 1200）

指定下一点或［放弃（U）］：　　　　　　（按回车键）

命令：ml MLINE

当前设置：对正＝无，比例＝180.00，样式＝Q

指定起点或［对正（J）/比例（S）/样式（ST）］：　（从 *C* 点向右画至 *D* 点相交）

指定下一点：

指定下一点或［放弃（U）］：

命令：MLINE

当前设置：对正＝无，比例＝180.00，样式＝Q

指定起点或［对正（J）/比例（S）/样式（ST）］：210

（*D* 点向下追踪 210）

指定下一点：420　　　　　　　　　　　（向上画 420）

指定下一点或［放弃（U）］：　　　　　　（按回车键）

命令：

MLINE

当前设置：对正＝无，比例＝180.00，样式＝Q

指定起点或［对正（J）/比例（S）/样式（ST）］：800

（以上一点的终点为起点向上追踪 800）

指定下一点：　　　　　　　　　　　　　（向上画与墙体相交）

指定下一点或［放弃（U）］：　　　　　　（按回车键）

命令：ml MLINE

当前设置：对正＝无，比例＝180.00，样式＝Q

指定起点或［对正（J）/比例（S）/样式（ST）］：210　　　（从 *E* 点向下追踪 210）

指定下一点：　　　　　　　　　　　　　　　　　　（向上与墙体相交）

指定下一点或［放弃（U）］：　　　　　　　　　　（按回车键）

命令：MLINE

当前设置：对正＝无，比例＝180.00，样式＝Q

指定起点或［对正（J）/比例（S）/样式（ST）］：　　（从 *E* 点向左画至 *F* 点）

指定下一点：

指定下一点或［放弃（U）］：210　　　　　　　　（向上画 210）

指定下一点或［闭合（C）/放弃（U）］：　　　　（按回车键）

命令：MLINE

当前设置：对正＝无，比例＝180.00，样式＝Q

指定起点或［对正（J）/比例（S）/样式（ST）］：800　（以上一点终点为起点向上追踪 800）

指定下一点：　　　　　　　　　　　　　　　　　（向上画与墙体相交）

指定下一点或［放弃（U）］：　　　　　　　　　（按回车键）

命令：MLINE

当前设置：对正＝无，比例＝180.00，样式＝Q

指定起点或［对正（J）/比例（S）/样式（ST）］：

指定下一点：210　　　　　　　　　　　　　　　（从 *G* 点向左画 210）

指定下一点或［放弃（U）］：　　　　　　　　　（按回车键）

命令：MLINE

当前设置：对正＝无，比例＝180.00，样式＝Q

指定起点或［对正（J）/比例（S）/样式（ST）］：700　（以上一点终点为起点向左追踪 700）

指定下一点：　　　　　　　　　　　　　　　　　（向左与墙体相交）

指定下一点或［放弃（U）］：　　　　　　　　　（按回车键）

3. 编辑墙体

双击多线，弹出多线编辑工具，单击 T 形合并，修饰墙体。

窗体与门绘制：绘制所有有窗体的位置。门用直线画一条 45°斜线即可。

命令：ml MLINE

当前设置：对正＝无，比例＝180.00，样式＝Q

指定起点或［对正（J）/比例（S）/样式（ST）］：st

输入多线样式名或［?］：c

当前设置：对正＝无，比例＝180.00，样式＝C

指定起点或［对正（J）/比例（S）/样式（ST）］：

指定下一点：

指定下一点或［放弃（U）］：

命令：MLINE

当前设置：对正＝无，比例＝180.00，样式＝C

指定起点或［对正（J）/比例（S）/样式（ST）］：

指定下一点：

指定下一点或［放弃（U）］：

命令：MLINE

当前设置：对正＝无，比例＝180.00，样式＝C

指定起点或［对正（J）/比例（S）/样式（ST）］：

指定下一点：

指定下一点或［放弃（U）］：

命令：MLINE

当前设置：对正＝无，比例＝180.00，样式＝C

指定起点或［对正（J）/比例（S）/样式（ST）］：

指定下一点：

指定下一点或［放弃（U）］：

在 *I* 点与 *J* 点作一条直线，以直线的中点为中心，镜像所有墙体与线段，如图 4.3 所示。

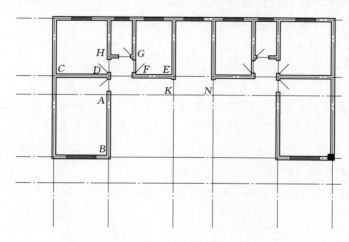

图 4.3 镜像

4. 补绘墙体

命令：ml MLINE

当前设置：对正＝无，比例＝180.00，样式＝Q

指定起点或［对正（J）/比例（S）/样式（ST）］：240　　（从 *K* 点向上追踪 240）

指定下一点：480　　　　　　　　　　　　　　　　　（向下画 480）

指定下一点或［放弃（U）］：　　　　　　　　　　　（按回车键）

命令：MLINE

当前设置：对正＝无，比例＝180.00，样式＝Q

指定起点或［对正（J）/比例（S）/样式（ST）］：800　　（以上一点的终点为起点向下追

　　　　　　　　　　　　　　　　　　　　　　　　　　踪 800）

指定下一点：	（向下画至 L 点）
指定下一点或［放弃（U）］：600	（向右画 600）
指定下一点或［闭合（C）/放弃（U）］：	（按回车键）
命令：MLINE	
当前设置：对正＝无，比例＝180.00，样式＝Q	
指定起点或［对正（J）/比例（S）/样式（ST）］：1200	（以上一点的终点为起点向右追踪 1200）
指定下一点：600	（向右画 600）
指定下一点或［放弃（U）］：	（向上画至 N 点）
指定下一点或［闭合（C）/放弃（U）］：	（向左与墙体相交）
指定下一点或［闭合（C）/放弃（U）］：	（按回车键）

修饰墙体，补画窗体和门。

5. 阳台绘制

（1）用多段线以 B 点的内侧墙的拐角为起点向下画 1680，向右画 4080，向上与墙体相交，用偏移命令向内偏移 180，最后剪切掉多余的线段。

（2）MC1 等分绘制。

（3）最后镜像。

6. 楼梯绘制

与 E 点的内墙平行，从外墙向右画起与墙体相交，向下偏移 50，以直线的中点为起点向上画 2610，垂线左右分别偏移 50，水平线依次向上偏移 8 个 270，最后进行修饰。

7. 钢筋混凝土柱断面绘制

用相对坐标矩形命令绘制，填充矩形，找到矩形的中点，偏移至所有钢筋混凝土柱断面位置，如图 4.4 所示。

4.1.2　南立面图

在外墙，窗户和门的边缘作构造线，在平面图上方作一条水平线，将水平线按不同高程向上偏移，如图 4.5 所示。

用直线命令画出外墙体，用矩形命令（REC）画出门窗，如图 4.6 所示。

1. 窗的绘制

命令：l LINE 指定第一点：	（地面高程）
指定下一点或［放弃（U）］：	（画至高程为 6.300 处）
指定下一点或［放弃（U）］：300	（向左画 300）
指定下一点或［闭合（C）/放弃（U）］：100	（向上画 100）
指定下一点或［闭合（C）/放弃（U）］：	（向右画至构造线）
指定下一点或［闭合（C）/放弃（U）］：	
命令：LINE 指定第一点：	（楼板下方向右画）
指定下一点或［放弃（U）］：	（向右画至最右面构造线）

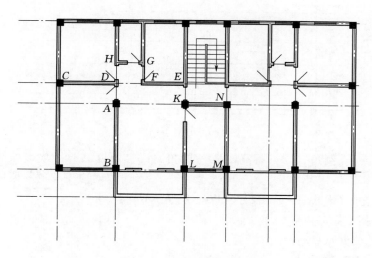

图 4.4　柱断面平面图

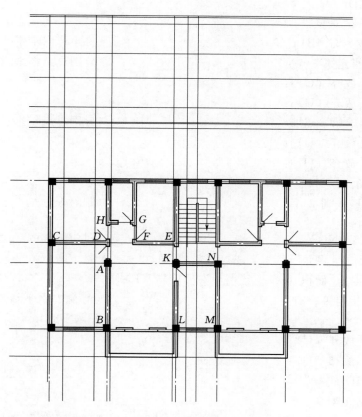

图 4.5　高程线

指定下一点或［放弃（U）］：　　　　　　　　　　　　　　　（按回车键）
命令：rec RECTANG

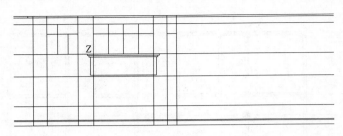

图 4.6　外墙与门窗

指定第一个角点或［倒角（C）/标高（E）/圆角（F）/厚度（T）/宽度（W）］：

（对应偏移的线段内画矩形）

指定另一个角点或［面积（A）/尺寸（D）/旋转（R）］：

命令：l LINE 指定第一点：　　　　　　　　　　　　　　　（在矩形内随意画一条水平线）

指定下一点或［放弃（U）］：

指定下一点或［放弃（U）］：

命令：div DIVIDE

选择要定数等分的对象：

输入线段数目或［块（B）］：3　　　　　　　　　　　　　（将矩形内水平线等分成 3 份）

命令：l LINE 指定第一点：　　　　　　　　　　　　　　　（分别过点作垂线）

指定下一点或［放弃（U）］：

指定下一点或［放弃（U）］：

命令：LINE 指定第一点：　　　　　　　　　　　　　　　　（分别过点作垂线）

指定下一点或［放弃（U）］：

指定下一点或［放弃（U）］：

命令：指定对角点：

命令：e ERASE 找到 2 个　　　　　　　　　　　　　　　　（删除等分点）

　　2. 门的绘制

命令：rec RECTANG　　　　　　　　　　　　　　　　　　　（对应偏移的线段内画矩形）

指定第一个角点或［倒角（C）/标高（E）/圆角（F）/厚度（T）/宽度（W）］：

指定另一个角点或［面积（A）/尺寸（D）/旋转（R）］：

命令：l LINE 指定第一点：　　　　　　　　　　　　　　　（与窗内水平线对齐，在矩形内
　　　　　　　　　　　　　　　　　　　　　　　　　　　　　作水平线）

指定下一点或［放弃（U）］：

指定下一点或［放弃（U）］：

命令：div DIVIDE

选择要定数等分的对象：

输入线段数目或［块（B）］：4　　　　　　　　　　　　　（将直线等分成 4 份）

命令：l LINE 指定第一点：　　　　　　　　　　　　　　　（过等分点分别作垂线）

指定下一点或［放弃（U）］：

指定下一点或［放弃（U）］：

命令：LINE 指定第一点：

指定下一点或［放弃（U）］：

指定下一点或［放弃（U）］：

命令：LINE 指定第一点：

指定下一点或［放弃（U）］：

指定下一点或［放弃（U）］：

命令：e ERASE

选择对象：指定对角点：找到 3 个　　　　　　（删除等分点）

命令：L LINE 指定第一点：

指定下一点或［放弃（U）］：370　　　　　（从 Z 点向右画 370）

指定下一点或［放弃（U）］：100　　　　　（向下画 100）

指定下一点或［闭合（C）/放弃（U）］：100　　　（向右画 100）

指定下一点或［闭合（C）/放弃（U）］：100　　　（向下画 100）

指定下一点或［闭合（C）/放弃（U）］：100　　　（向下画 100）

指定下一点或［闭合（C）/放弃（U）］：　　　　（向下画与高程线相交）

指定下一点或［闭合（C）/放弃（U）］：

指定拉伸点或［基点（B）/复制（C）/放弃（U）/退出（X）］：100

　　　　　　　　　　　　　　　　　　　　　（将交点向上拉伸 100）

命令：LINE 指定第一点：　　　　　　　　　（连接阳台边缘）

指定下一点或［放弃（U）］：

指定下一点或［放弃（U）］：

指定下一点或［闭合（C）/放弃（U）］：

　　最后镜像阳台。

　　向下偏移门窗，偏移之后用拉伸命令（S）拉伸至高程为 -0.020 处。用矩形命令画出台阶，如图 4.7 所示。

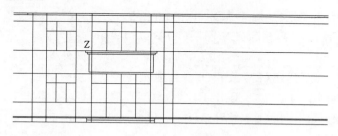

图 4.7　半立面图

　　最后镜像立面图并修整，如图 4.9 所示。

4.1.3　详图

命令：pl PLINE

指定起点：

当前线宽为 0.0000

指定下一个点或［圆弧（A）/半宽（H）/长度（L）/放弃（U）/宽度（W）］：

（随意定一点）

指定下一点或［圆弧（A）/闭合（C）/半宽（H）/长度（L）/放弃（U）/宽度（W）］：1000

（向上画 1000）

指定下一点或［圆弧（A）/闭合（C）/半宽（H）/长度（L）/放弃（U）/宽度（W）］：380

（向右画 380）

指定下一点或［圆弧（A）/闭合（C）/半宽（H）/长度（L）/放弃（U）/宽度（W）］：100

（向下画 100）

指定下一点或［圆弧（A）/闭合（C）/半宽（H）/长度（L）/放弃（U）/宽度（W）］：100

（向左画 100）

指定下一点或［圆弧（A）/闭合（C）/半宽（H）/长度（L）/放弃（U）/宽度（W）］：100

（向下画 100）

指定下一点或［圆弧（A）/闭合（C）/半宽（H）/长度（L）/放弃（U）/宽度（W）］：100

（向左画 100）

指定下一点或［圆弧（A）/闭合（C）/半宽（H）/长度（L）/放弃（U）/宽度（W）］：1150

（向下画 1150）

指定下一点或［圆弧（A）/闭合（C）/半宽（H）/长度（L）/放弃（U）/宽度（W）］：180

（向左画 180）

指定下一点或［圆弧（A）/闭合（C）/半宽（H）/长度（L）/放弃（U）/宽度（W）］：250

（向上画 250）

指定下一点或［圆弧（A）/闭合（C）/半宽（H）/长度（L）/放弃（U）/宽度（W）］：

（与起点对齐）

指定下一点或［圆弧（A）/闭合（C）/半宽（H）/长度（L）/放弃（U）/宽度（W）］：

（按回车键）

命令：o OFFSET

当前设置：删除源＝否 图层＝源 OFFSETGAPTYPE＝0

指定偏移距离或［通过（T）/删除（E）/图层（L）］＜180.0000＞：20

（向外偏移 20）

选择要偏移的对象，或［退出（E）/放弃（U）］＜退出＞：

指定要偏移的那一侧上的点，或［退出（E）/多个（M）/放弃（U）］＜退出＞：

选择要偏移的对象，或［退出（E）/放弃（U）］＜退出＞：

命令：x EXPLODE   （将多段线分解）

选择对象：找到 1 个

选择对象：

命令：ex EXTEND   （延长至对边）

当前设置：投影＝UCS，边＝延伸

选择边界的边 …

选择对象或＜全部选择＞：

选择要延伸的对象,或按住 Shift 键选择要修剪的对象,或

[栏选(F)/窗交(C)/投影(P)/边(E)/放弃(U)]:

选择要延伸的对象,或按住 Shift 键选择要修剪的对象,或

[栏选(F)/窗交(C)/投影(P)/边(E)/放弃(U)]:

选择要延伸的对象,或按住 Shift 键选择要修剪的对象,或

[栏选(F)/窗交(C)/投影(P)/边(E)/放弃(U)]:

命令:pl PLINE

指定起点:　　　　　　　　　　　　　　　　　(绘制这段符号)

当前线宽为 0.0000

指定下一个点或 [圆弧(A)/半宽(H)/长度(L)/放弃(U)/宽度(W)]:

指定下一点或 [圆弧(A)/闭合(C)/半宽(H)/长度(L)/放弃(U)/宽度(W)]:

指定下一点或 [圆弧(A)/闭合(C)/半宽(H)/长度(L)/放弃(U)/宽度(W)]:

指定下一点或 [圆弧(A)/闭合(C)/半宽(H)/长度(L)/放弃(U)/宽度(W)]:

指定下一点或 [圆弧(A)/闭合(C)/半宽(H)/长度(L)/放弃(U)/宽度(W)]:

指定下一点或 [圆弧(A)/闭合(C)/半宽(H)/长度(L)/放弃(U)/宽度(W)]:

命令:h HATCH

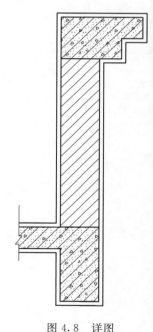

拾取内部点或 [选择对象(S)/删除边界(B)]:正在选择所有对象...

正在选择所有可见对象...

正在分析所选数据...

正在分析内部孤岛...

拾取内部点或 [选择对象(S)/删除边界(B)]:

正在分析内部孤岛...

拾取内部点或 [选择对象(S)/删除边界(B)]:

正在分析内部孤岛...

拾取内部点或 [选择对象(S)/删除边界(B)]:

命令:HATCH

拾取内部点或 [选择对象(S)/删除边界(B)]:

正在选择所有对象...

正在选择所有可见对象...

正在分析所选数据...

正在分析内部孤岛...

拾取内部点或 [选择对象(S)/删除边界(B)]:

图 4.8　详图

正在分析内部孤岛...

拾取内部点或 [选择对象(S)/删除边界(B)]:

　　详图如图 4.8 所示。

　　标注:用线性标注（DLI）所有有标注的位置,标高投影三角形高为 3 的等腰三角形,数字、字母与文字用文本（T）编辑即可,如图 4.9 所示。

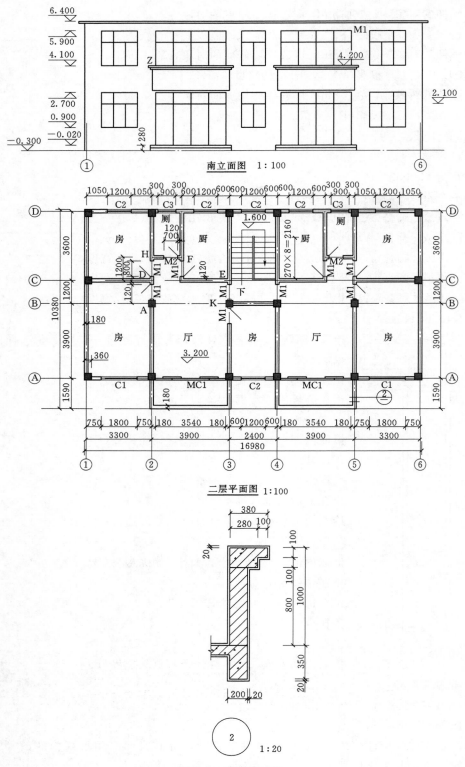

图 4.9　建筑施工图

4.2 平房建筑图

所有房屋建筑图的绘制方法基本相同，要真正提高绘图速度和熟练掌握绘图技巧，必须反复操作，不断总结经验，才能灵活运用绘图命令和编辑命令，以便达到事半功倍的效果。下面仅以小型平房建筑图的绘制，介绍快速绘图的方法和步骤。

通过分析图纸，了解轴网、墙体、窗户、标注的箭头以及整张图纸的比例设置，先画平面图，再画西立面图，最后画 1—1 剖面图。①按照房建图的要求设置绘图环境、线型、墙体、窗户，进行比例缩放；②选用点画线按照图纸的尺寸画轴网；③按照图纸要求画墙体、构造柱及其窗户；④按照图纸的尺寸画西立面图；⑤按照图纸的尺寸画 1—1 剖面图；⑥进行比例缩放，进行标注，并注写编号及其图名。

4.2.1 平面图

1. 轴网

按照图纸进行比例缩放，选用点画线开始画轴网，按照图纸的尺寸进行偏移，如图 4.10 所示。

命令：l LINE 指定第一点：   （任一点）

指定下一点或［放弃（U）］：   （任一点）

指定下一点或［放弃（U）］：＊取消＊

命令：o OFFSET

当前设置：删除源＝否 图层＝源 OFFSETGAPTYPE＝0

指定偏移距离或［通过（T）/删除（E）/图层（L）］<900.0000>：900

选择要偏移的对象，或［退出（E）/放弃（U）］<退出>：

命令：o OFFSET

当前设置：删除源＝否 图层＝源 OFFSETGAPTYPE＝0

指定偏移距离或［通过（T）/删除（E）/图层（L）］<900.0000>：1500

选择要偏移的对象，或［退出（E）/放弃（U）］<退出>：

指定要偏移的那一侧上的点，或［退出（E）/多个（M）/放弃（U）］<退出>：

选择要偏移的对象，或［退出（E）/放弃（U）］<退出>：

命令：OFFSET

当前设置：删除源＝否 图层＝源 OFFSETGAPTYPE＝0

指定偏移距离或［通过（T）/删除（E）/图层（L）］<1500.0000>：3900

选择要偏移的对象，或［退出（E）/放弃（U）］<退出>：

指定要偏移的那一侧上的点，或［退出（E）/多个（M）/放弃（U）］<退出>：

选择要偏移的对象，或［退出（E）/放弃（U）］<退出>：＊取消＊

命令：l LINE 指定第一点：   （任一点）

指定下一点或［放弃（U）］：

指定下一点或［放弃（U）］：＊取消＊

命令：o OFFSET

当前设置：删除源＝否 图层＝源 OFFSETGAPTYPE＝0

指定偏移距离或［通过（T）/删除（E）/图层（L）］＜3900.0000＞：3000

选择要偏移的对象，或［退出（E）/放弃（U）］＜退出＞：

指定要偏移的那一侧上的点，或［退出（E）/多个（M）/放弃（U）］＜退出＞：

选择要偏移的对象，或［退出（E）/放弃（U）］＜退出＞：

命令：OFFSET

当前设置：删除源＝否 图层＝源 OFFSETGAPTYPE＝0

指定偏移距离或［通过（T）/删除（E）/图层（L）］＜3000.0000＞：3600

选择要偏移的对象，或［退出（E）/放弃（U）］＜退出＞：

指定要偏移的那一侧上的点，或［退出（E）/多个（M）/放弃（U）］＜退出＞：

选择要偏移的对象，或［退出（E）/放弃（U）］＜退出＞：

2. 墙体

输入多线命令（ML）选择墙体，开始画墙体，如图 4.11 所示。

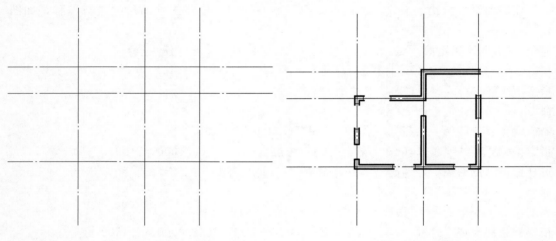

图 4.10　轴网　　　　　　　　　　　　图 4.11　墙体

命令：ml MLINE

当前设置：对正＝无，比例＝2.40，样式＝Q

指定起点或［对正（J）/比例（S）/样式（ST）］：st

输入多线样式名或［?］：q

当前设置：对正＝无，比例＝2.40，样式＝Q

指定起点或［对正（J）/比例（S）/样式（ST）］：s

输入多线比例＜2.40＞：240

当前设置：对正＝无，比例＝240.00，样式＝Q

指定起点或［对正（J）/比例（S）/样式（ST）］：j

输入对正类型［上（T）/无（Z）/下（B）］＜无＞：z

当前设置：对正＝无，比例＝240.00，样式＝Q

指定起点或［对正（J）/比例（S）/样式（ST）］：＊取消＊

命令：ml MLINE

当前设置：对正＝无，比例＝240.00，样式＝Q

指定起点或［对正（J）/比例（S）/样式（ST）］：420

指定下一点：

指定下一点或［放弃（U）］：1800

指定下一点或［闭合（C）/放弃（U）］：

命令：MLINE

当前设置：对正＝无，比例＝240.00，样式＝Q

指定起点或［对正（J）/比例（S）/样式（ST）］：＊取消＊

命令：MLINE

当前设置：对正＝无，比例＝240.00，样式＝Q

指定起点或［对正（J）/比例（S）/样式（ST）］：＊取消＊

命令：MLINE

当前设置：对正＝无，比例＝240.00，样式＝Q

指定起点或［对正（J）/比例（S）/样式（ST）］：900

指定下一点：

指定下一点或［放弃（U）］：＊取消＊

命令：ml MLINE

当前设置：对正＝无，比例＝240.00，样式＝Q

指定起点或［对正（J）/比例（S）/样式（ST）］：1260

指定下一点：＊取消＊

命令：MLINE

当前设置：对正＝无，比例＝240.00，样式＝Q

指定起点或［对正（J）/比例（S）/样式（ST）］：

指定下一点：

指定下一点或［放弃（U）］：

指定下一点或［闭合（C）/放弃（U）］：

指定下一点或［闭合（C）/放弃（U）］：_ u

指定下一点或［闭合（C）/放弃（U）］：1500

指定下一点或［闭合（C）/放弃（U）］：＊取消＊

命令：ml MLINE

当前设置：对正＝无，比例＝240.00，样式＝Q

指定起点或［对正（J）/比例（S）/样式（ST）］：1500

指定下一点：

指定下一点或［放弃（U）］：300

指定下一点或［闭合（C）/放弃（U）］：

命令：MLINE

当前设置：对正＝无，比例＝240.00，样式＝Q

指定起点或 ［对正 （J） /比例 （S） /样式 （ST）］：1500

指定下一点：840

指定下一点或 ［放弃 （U）］：

命令：MLINE

当前设置：对正＝无，比例＝240.00，样式＝Q

指定起点或 ［对正 （J） /比例 （S） /样式 （ST）］：900

指定下一点：

指定下一点或 ［放弃 （U）］：1910

指定下一点或 ［闭合 （C） /放弃 （U）］：

命令：MLINE

当前设置：对正＝无，比例＝240.00，样式＝Q

指定起点或 ［对正 （J） /比例 （S） /样式 （ST）］：1200

指定下一点：490

指定下一点或 ［放弃 （U）］：1680

指定下一点或 ［闭合 （C） /放弃 （U）］：

命令：MLINE

当前设置：对正＝无，比例＝240.00，样式＝Q

指定起点或 ［对正 （J） /比例 （S） /样式 （ST）］：900

  3. 窗户

  输入多线命令（ML）并选择窗户，开始画窗户，如图 4.12 所示。

命令：ml MLINE

当前设置：对正＝无，比例＝240.00，样式＝Q

指定起点或 ［对正 （J） /比例 （S） /样式 （ST）］：st

输入多线样式名或 ［?］：c

当前设置：对正＝无，比例＝240.00，样式＝C

指定起点或 ［对正 （J） /比例 （S） /样式 （ST）］：s

输入多线比例＜240.00＞：240

当前设置：对正＝无，比例＝240.00，样式＝C

指定起点或 ［对正 （J） /比例 （S） /样式 （ST）］：j

输入对正类型 ［上 （T） /无 （Z） /下 （B）］ ＜无＞：z

当前设置：对正＝无，比例＝240.00，样式＝C

指定起点或 ［对正 （J） /比例 （S） /样式 （ST）］：＊取消＊

……   （重复多线命令绘制窗户）

命令：MLINE

当前设置：对正＝无，比例＝240.00，样式＝C

指定起点或 ［对正 （J） /比例 （S） /样式 （ST）］：

指定下一点：

指定下一点或 ［放弃 （U）］：＊取消＊

4.2.2 西立面图

按照尺寸绘制西立面图，如图 4.13 所示。

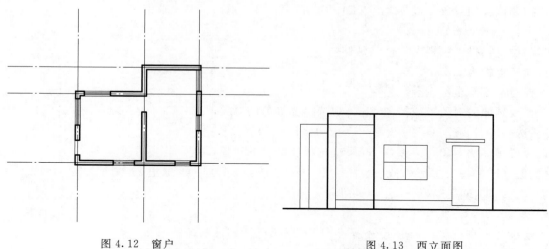

图 4.12 窗户   图 4.13 西立面图

命令：LINE 指定第一点：

指定下一点或［放弃（U）］：180

指定下一点或［放弃（U）］：2800

指定下一点或［闭合（C）/放弃（U）］：900

指定下一点或［闭合（C）/放弃（U）］：＊取消＊

命令：LINE 指定第一点：

指定下一点或［放弃（U）］：180

指定下一点或［放弃（U）］：3200

指定下一点或［闭合（C）/放弃（U）］：1500

指定下一点或［闭合（C）/放弃（U）］：＊取消＊

命令：LINE 指定第一点：＊取消＊

命令：l LINE 指定第一点：

指定下一点或［放弃（U）］：

指定下一点或［放弃（U）］：＊取消＊

命令：LINE 指定第一点：

指定下一点或［放弃（U）］：3900

指定下一点或［放弃（U）］：

指定下一点或［闭合（C）/放弃（U）］：＊取消＊

命令：o OFFSET

当前设置：删除源＝否 图层＝源 OFFSETGAPTYPE＝0

指定偏移距离或［通过（T）/删除（E）/图层（L）］＜3600.0000＞：240

选择要偏移的对象，或［退出（E）/放弃（U）］＜退出＞：

指定要偏移的那一侧上的点，或［退出（E）/多个（M）/放弃（U）］＜退出＞：

选择要偏移的对象，或［退出（E）/放弃（U）］＜退出＞：

指定要偏移的那一侧上的点，或［退出（E）/多个（M）/放弃（U）］＜退出＞：

选择要偏移的对象，或［退出（E）/放弃（U）］＜退出＞：＊取消＊

命令：ex EXTEND

当前设置：投影＝视图，边＝延伸

选择边界的边 ...

选择对象或＜全部选择＞：

选择要延伸的对象，或按住 Shift 键选择要修剪的对象，或

［栏选（F）/窗交（C）/投影（P）/边（E）/放弃（U）］：

选择要延伸的对象，或按住 Shift 键选择要修剪的对象，或

［栏选（F）/窗交（C）/投影（P）/边（E）/放弃（U）］：＊取消＊

命令：l LINE 指定第一点：＊取消＊

命令：o OFFSET

当前设置：删除源＝否 图层＝源 OFFSETGAPTYPE＝0

指定偏移距离或［通过（T）/删除（E）/图层（L）］＜240.0000＞：240

选择要偏移的对象，或［退出（E）/放弃（U）］＜退出＞：

指定要偏移的那一侧上的点，或［退出（E）/多个（M）/放弃（U）］＜退出＞：

选择要偏移的对象，或［退出（E）/放弃（U）］＜退出＞：＊取消＊

命令：l LINE 指定第一点：

指定下一点或［放弃（U）］：

指定下一点或［放弃（U）］：＊取消＊

命令：l LINE 指定第一点：360

指定下一点或［放弃（U）］：2100

指定下一点或［放弃（U）］：＿u

指定下一点或［放弃（U）］：2100

指定下一点或［放弃（U）］：900

指定下一点或［闭合（C）/放弃（U）］：

指定下一点或［闭合（C）/放弃（U）］：＊取消＊

命令：LINE 指定第一点：100

指定下一点或［放弃（U）］：200

指定下一点或［放弃（U）］：100

指定下一点或［闭合（C）/放弃（U）］：1300

指定下一点或［闭合（C）/放弃（U）］：100

指定下一点或［闭合（C）/放弃（U）］：1300

指定下一点或［闭合（C）/放弃（U）］：

命令：LINE 指定第一点：840

指定下一点或［放弃（U）］：1500

指定下一点或［放弃（U）］：1200

指定下一点或［闭合（C）/放弃（U）］：1500

指定下一点或［闭合（C）/放弃（U）］：_ u

指定下一点或［闭合（C）/放弃（U）］：

指定下一点或［闭合（C）/放弃（U）］：

指定下一点或［闭合（C）/放弃（U）］：*取消*

命令：LINE 指定第一点：

指定下一点或［放弃（U）］：

指定下一点或［放弃（U）］：*取消*

命令：LINE 指定第一点：

指定下一点或［放弃（U）］：

指定下一点或［放弃（U）］：*取消*

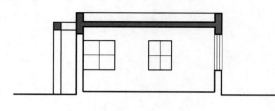

图 4.14　1-1 剖面图

4.2.3　剖面图

　　按照图纸尺寸绘制 1-1 剖面图，如图 4.14 所示。

命令：l LINE 指定第一点：180

指定下一点或［放弃（U）］：

指定下一点或［放弃（U）］：

命令：l LINE 指定第一点：

指定下一点或［放弃（U）］：

指定下一点或［放弃（U）］：3350

指定下一点或［闭合（C）/放弃（U）］：*取消*

命令：LINE 指定第一点：900

指定下一点或［放弃（U）］：2950

指定下一点或［放弃（U）］：

指定下一点或［闭合（C）/放弃（U）］：*取消*

命令：o OFFSET

当前设置：删除源=否 图层=源 OFFSETGAPTYPE=0

指定偏移距离或［通过（T）/删除（E）/图层（L）］<240.0000>：240

选择要偏移的对象，或［退出（E）/放弃（U）］<退出>：*取消*

命令：o OFFSET

当前设置：删除源=否 图层=源 OFFSETGAPTYPE=0

指定偏移距离或［通过（T）/删除（E）/图层（L）］<240.0000>：240

选择要偏移的对象，或［退出（E）/放弃（U）］<退出>：

指定要偏移的那一侧上的点，或［退出（E）/多个（M）/放弃（U）］<退出>：

选择要偏移的对象，或［退出（E）/放弃（U）］<退出>：*取消*

命令：o OFFSET

当前设置：删除源=否 图层=源 OFFSETGAPTYPE=0

指定偏移距离或［通过（T）/删除（E）/图层（L）］<240.0000>：*取消*

命令：l LINE 指定第一点：

指定下一点或 ［放弃 （U）］：

指定下一点或 ［放弃 （U）］：＊取消＊

命令：LINE 指定第一点：150

指定下一点或 ［放弃 （U）］：5120

指定下一点或 ［放弃 （U）］：900

指定下一点或 ［闭合 （C） /放弃 （U）］：240

指定下一点或 ［闭合 （C） /放弃 （U）］：1050

指定下一点或 ［闭合 （C） /放弃 （U）］：

指定下一点或 ［闭合 （C） /放弃 （U）］：＊取消＊

命令：ml MLINE

当前设置：对正＝无，比例＝240.00，样式＝C

指定起点或 ［对正 （J） /比例 （S） /样式 （ST）］：c

需要点或选项关键字。

指定起点或 ［对正 （J） /比例 （S） /样式 （ST）］：

指定下一点：1500

指定下一点或 ［放弃 （U）］：

命令：l LINE 指定第一点：

指定下一点或 ［放弃 （U）］：

指定下一点或 ［放弃 （U）］：800

指定下一点或 ［闭合 （C） /放弃 （U）］：240

指定下一点或 ［闭合 （C） /放弃 （U）］：400

指定下一点或 ［闭合 （C） /放弃 （U）］：

指定下一点或 ［闭合 （C） /放弃 （U）］：＊取消＊

命令：o OFFSET

当前设置：删除源＝否 图层＝源 OFFSETGAPTYPE＝0

指定偏移距离或 ［通过 （T） /删除 （E） /图层 （L）］＜240.0000＞：150

选择要偏移的对象，或 ［退出 （E） /放弃 （U）］＜退出＞：

指定要偏移的那一侧上的点，或 ［退出 （E） /多个 （M） /放弃 （U）］＜退出＞：

选择要偏移的对象，或 ［退出 （E） /放弃 （U）］＜退出＞：＊取消＊

命令：l LINE 指定第一点：

指定下一点或 ［放弃 （U）］：

指定下一点或 ［放弃 （U）］：＊取消＊

命令：o OFFSET

当前设置：删除源＝否 图层＝源 OFFSETGAPTYPE＝0

指定偏移距离或 ［通过 （T） /删除 （E） /图层 （L）］＜150.0000＞：240

选择要偏移的对象，或 ［退出 （E） /放弃 （U）］＜退出＞：

指定要偏移的那一侧上的点，或 ［退出 （E） /多个 （M） /放弃 （U）］＜退出＞：

选择要偏移的对象，或［退出（E）/放弃（U）］＜退出＞：＊取消＊

命令：o OFFSET

当前设置：删除源＝否 图层＝源 OFFSETGAPTYPE＝0

指定偏移距离或［通过（T）/删除（E）/图层（L）］＜240.0000＞：120

选择要偏移的对象，或［退出（E）/放弃（U）］＜退出＞：

指定要偏移的那一侧上的点，或［退出（E）/多个（M）/放弃（U）］＜退出＞：

选择要偏移的对象，或［退出（E）/放弃（U）］＜退出＞：

指定要偏移的那一侧上的点，或［退出（E）/多个（M）/放弃（U）］＜退出＞：

选择要偏移的对象，或［退出（E）/放弃（U）］＜退出＞：＊取消＊

命令：l LINE 指定第一点：800

指定下一点或［放弃（U）］：

指定下一点或［放弃（U）］：＊取消＊

命令：l LINE 指定第一点：1800

指定下一点或［放弃（U）］：1200

指定下一点或［放弃（U）］：900

指定下一点或［闭合（C）/放弃（U）］：1200

指定下一点或［闭合（C）/放弃（U）］：

指定下一点或［闭合（C）/放弃（U）］：＊取消＊

命令：LINE 指定第一点：

指定下一点或［放弃（U）］：

指定下一点或［放弃（U）］：＊取消＊

命令：LINE 指定第一点：

指定下一点或［放弃（U）］：

指定下一点或［放弃（U）］：＊取消＊

命令：l LINE 指定第一点：1320

指定下一点或［放弃（U）］：

指定下一点或［放弃（U）］：＊取消＊

命令：LINE 指定第一点：

指定下一点或［放弃（U）］：

指定下一点或［放弃（U）］：

指定下一点或［闭合（C）/放弃（U）］：＊取消＊

命令：LINE 指定第一点：

指定下一点或［放弃（U）］：

指定下一点或［放弃（U）］：＊取消＊

命令：LINE 指定第一点：

指定下一点或［放弃（U）］：

指定下一点或［放弃（U）］：＊取消＊

4.2.4　标注

（1）缩放比例完善图纸，补充门、构造柱、标高及其标注，如图 4.15 所示。

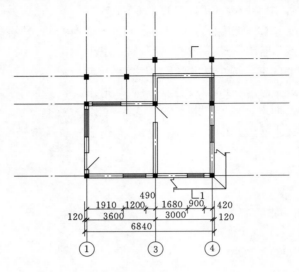

一层平面图　1∶100

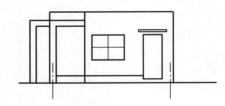

西立面图　1∶100

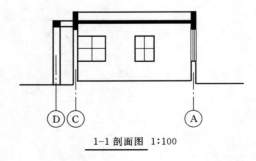

1—1 剖面图　1∶100

图 4.15　标注

（2）按照图纸要求完善图纸，如图 4.16 所示。

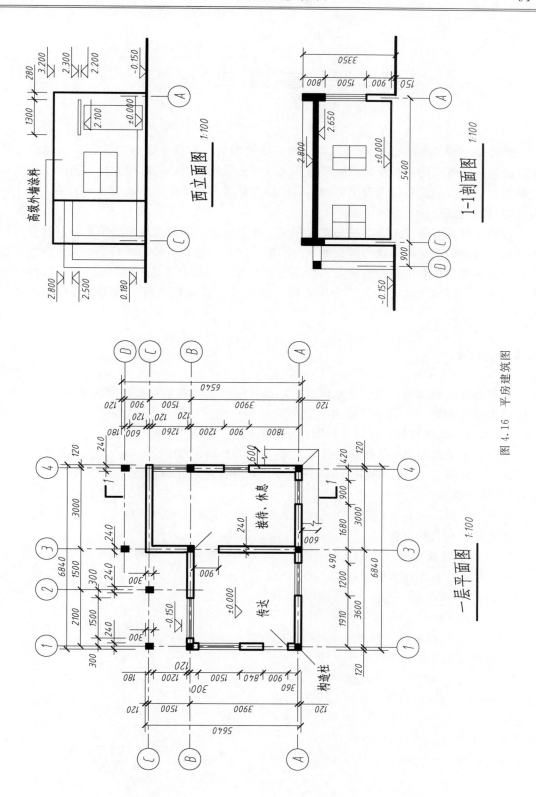

西立面图 1:100

1-1剖面图 1:100

一层平面图 1:100

图 4.16 平房建筑图

第 5 章　道 路 工 程 图

　　道路是一种供车辆行驶和行人步行的带状结构物，其基本组成包括路基、路面、桥梁、涵洞、隧道、防护工程、排水设施和交通工程设施等。道路根据它们不同的组成和功能特点，可分为公路和城市道路两种。位于城市郊区和城市以外的道路称为公路，位于城市范围以内的道路称为城市道路。

　　道路工程具有组成复杂、长高宽三向尺寸相差较大、形状受地形影响大和涉及学科广等特点，道路的位置和形状与所在地区的地形、地貌、地物以及地质有密切关系。由于道路有竖向高度变化和平面弯曲变化，所以实质上从整体来看道路的路线是一条空间曲线。道路工程图的图示方法与一般工程图不同，这里只着重介绍涵洞结构图与桩柱式桥墩构造图。

5.1　涵洞

　　涵洞是输水建筑物，也叫过水建筑物，是一种交叉建筑物，其位置常常设在与公路、铁路或渠道交叉处。涵洞一般由进口、洞身和出口组成。进口段和出口段最为常见的是"八"字翼墙，而且对称，所以设计图样相对简便。

　　绘图时，要求用 A3 图幅设置绘图环境，以 1∶50 的比例实际操作涵洞剖视图、平面图、上游立面图、A-A 剖视图、B-B 断面图，并标注尺寸和图名。

5.1.1　纵剖视图

　　先从八字翼墙的底部画起，然后画涵洞的底部，接下来画八字翼墙，再画涵洞，最后画混凝土帽石和自然土壤。

　　1. 八字翼墙底部

　　从下至上、自左往右依次画起，如图 5.1 所示。

命令：l LINE 指定第一点：

指定下一点或［放弃（U）］：600

指定下一点或［放弃（U）］：2000

指定下一点或［闭合（C）/放弃（U）］：600

指定下一点或［闭合（C）/放弃（U）］：2000

指定下一点或［闭合（C）/放弃（U）］：300

指定下一点或［闭合（C）/放弃（U）］：300

指定下一点或［闭合（C）/放弃（U）］：

指定下一点或［闭合（C）/放弃（U）］：

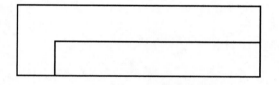

图 5.1 八字翼墙底部

图 5.2 涵洞底部

2. 涵洞底部

从下至上、自左往右一次画起，如图 5.2 所示。

命令：l LINE 指定第一点：

指定下一点或［放弃（U）］：4500

指定下一点或［放弃（U）］：

命令：co COPY   （分别复制到 AB 点）

选择对象：找到 1 个

选择对象：

当前设置：复制模式＝多个

指定基点或［位移（D）/模式（O）］＜位移＞：指定第二个点或＜使用第一个点作为位移＞：

指定第二个点或［退出（E）/放弃（U）］＜退出＞：

指定第二个点或［退出（E）/放弃（U）］＜退出＞：

3. "八"字翼墙

从"八"字翼墙底部上面左边一点向右画 100 的距离，接着向上画 230 的直线，再从底部向右画 1900 的距离，接着再向上画 1500 的距离，在至 230 点处合并，如图 5.3 所示。

命令：l LINE 指定第一点：100

指定下一点或［放弃（U）］：230

指定下一点或［放弃（U）］：

命令：LINE 指定第一点：1900

指定下一点或［放弃（U）］：1500

指定下一点或［放弃（U）］：

指定下一点或［闭合（C）/放弃（U）］：

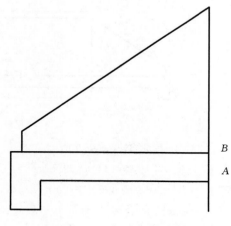

图 5.3 "八"字翼墙

4. 盖板

将 B 点往右的线段复制到 C 点，将复制的线再向上复制 170 的距离，如图 5.4 所示。

命令：co COPY   （复制到 C 点）

选择对象：找到 1 个

选择对象：

当前设置：复制模式＝多个

指定基点或［位移（D）/模式（O）］＜位移＞：指定第二个点或＜使用第一个点作为位

移＞：

指定第二个点或［退出（E）/放弃（U）］＜退出＞：

命令：COPY　　　　　　　　　　（向上复制 170 的距离）

选择对象：找到 1 个

选择对象：

当前设置：复制模式＝多个

指定基点或［位移（D）/模式（O）］＜位移＞：指定第二个点或＜使用第一个点作为位移＞：170

指定第二个点或［退出（E）/放弃（U）］＜退出＞：

命令：ex EXTEND　　　　　　　　（将线段延长至盖板顶部）

当前设置：投影＝UCS，边＝无

选择边界的边 ...

选择对象或＜全部选择＞：

选择要延伸的对象，或按住 Shift 键选择要修剪的对象，或

［栏选（F）/窗交（C）/投影（P）/边（E）/放弃（U）］：

选择要延伸的对象，或按住 Shift 键选择要修剪的对象，或

［栏选（F）/窗交（C）/投影（P）/边（E）/放弃（U）］：

5. 混凝土帽石

从盖板顶部依次开始绘制，如图 5.5 所示。

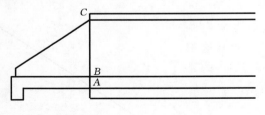
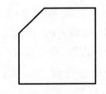

图 5.4　盖板　　　　　　　　　　图 5.5　混凝土帽石

命令：LINE 指定第一点：300

指定下一点或［放弃（U）］：300

指定下一点或［放弃（U）］：200

指定下一点或［闭合（C）/放弃（U）］：@－100，－100

指定下一点或［闭合（C）/放弃（U）］：

指定下一点或［闭合（C）/放弃（U）］：

6. 自然土壤

将盖板向上复制 800 的距离，在混凝土帽石右下角为起点作一坡度，然后延长，多余的线条剪切掉，如图 5.6 所示。

命令：co COPY

选择对象：找到 1 个

选择对象：

当前设置：复制模式＝多个

指定基点或［位移（D）/模式（O）］＜位移＞：指定第二个点或＜使用第一个点作为位移＞：800

图 5.6　自然土壤

指定第二个点或［退出（E）/放弃（U）］＜退出＞：

命令：l LINE 指定第一点：

指定下一点或［放弃（U）］：@1500，1000

指定下一点或［放弃（U）］：

命令：tr TRIM

当前设置：投影＝UCS，边＝无

选择剪切边…

选择对象或＜全部选择＞：

选择要修剪的对象，或按住 Shift 键选择要延伸的对象，或

［栏选（F）/窗交（C）/投影（P）/边（E）/删除（R）/放弃（U）］：

选择要修剪的对象，或按住 Shift 键选择要延伸的对象，或

［栏选（F）/窗交（C）/投影（P）/边（E）/删除（R）/放弃（U）］：

选择要修剪的对象，或按住 Shift 键选择要延伸的对象，或

［栏选（F）/窗交（C）/投影（P）/边（E）/删除（R）/放弃（U）］：

5.1.2　平面图

先沿水平方向作一条辅助线，从翼墙开始画起，画出翼墙底部轮廓线，然后画出翼墙部分，从 D 点向右作一条水平线，长度为 4500，依次向上复制。

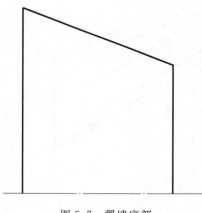

图 5.7　翼墙底部

1. 翼墙底部（图 5.7）

命令：l LINE 指定第一点：

指定下一点或［放弃（U）］：

指定下一点或［放弃（U）］：

命令：LINE 指定第一点：

指定下一点或［放弃（U）］：2500

指定下一点或［放弃（U）］：

命令：LINE 指定第一点：2000

指定下一点或［放弃（U）］：1730

指定下一点或［放弃（U）］：

指定下一点或［闭合（C）/放弃（U）］：

2. 八字翼墙

用翼墙底部的轮廓线将翼墙复制出，然后进行修改，如图 5.8 所示。

命令：l LINE 指定第一点：680

指定下一点或［放弃（U）］：630

指定下一点或［放弃（U）］：

命令：co COPY

选择对象：找到 1 个

选择对象：

当前设置：复制模式＝多个

指定基点或［位移（D）/模式（O）］＜位移＞：指定第二个点或＜使用第一个点作为位移＞：120

指定第二个点或［退出（E）/放弃（U）］＜退出＞：

命令：COPY

选择对象：找到 1 个

选择对象：

当前设置：复制模式＝多个

指定基点或［位移（D）/模式（O）］＜位移＞：指定第二个点或＜使用第一个点作为位移＞：100

指定第二个点或［退出（E）/放弃（U）］＜退出＞：命令：co COPY

选择对象：找到 1 个

选择对象：

当前设置：复制模式＝多个

指定基点或［位移（D）/模式（O）］＜位移＞：指定第二个点或＜使用第一个点作为位移＞：120

指定第二个点或［退出（E）/放弃（U）］＜退出＞：＊取消＊

　　3. 修剪（图 5.9）

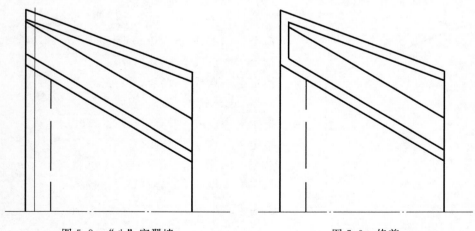

图 5.8　"八"字翼墙　　　　　　　　　图 5.9　修剪

命令：tr TRIM

当前设置：投影＝UCS，边＝无

选择剪切边 . . .

选择对象或＜全部选择＞：

选择要修剪的对象，或按住 Shift 键选择要延伸的对象，或

［栏选（F）/窗交（C）/投影（P）/边（E）/删除（R）/放弃（U）］：

……   （连续修剪）

选择要修剪的对象，或按住 Shift 键选择要延伸的对象，或

［栏选（F）/窗交（C）/投影（P）/边（E）/删除（R）/放弃（U）］：

命令：e ERASE

选择对象：找到 1 个

命令：l LINE 指定第一点：   （与纵剖视图长对正做一条虚线）

指定下一点或［放弃（U）］：

指定下一点或［放弃（U）］：

  4. 涵洞

    在 D 点向右作一条直线，依次向上复制，如图 5.10 所示。

命令：l LINE 指定第一点：

指定下一点或［放弃（U）］：4500

指定下一点或［放弃（U）］：

命令：co COPY

选择对象：找到 1 个

选择对象：

当前设置：复制模式＝多个

指定基点或［位移（D）/模式（O）］＜位移＞：指定第二个点或＜使用第一个点作为位移＞：120

指定第二个点或［退出（E）/放弃（U）］＜退出＞：

命令：COPY

选择对象：找到 1 个

选择对象：

当前设置：复制模式＝多个

指定基点或［位移（D）/模式（O）］＜位移＞：指定第二个点或＜使用第一个点作为位移＞：200

指定第二个点或［退出（E）/放弃（U）］＜退出＞：

命令：COPY

选择对象：找到 1 个

选择对象：

当前设置：复制模式＝多个

指定基点或［位移（D）/模式（O）］＜位移＞：指定第二个点或＜使用第一个点作为位移＞：350

指定第二个点或［退出（E）/放弃（U）］＜退出＞：

命令：COPY

选择对象：找到 1 个

选择对象：

当前设置：复制模式＝多个

指定基点或［位移（D）／模式（O）］＜位移＞：指定第二个点或＜使用第一个点作为位
移＞：120

指定第二个点或［退出（E）／放弃（U）］＜退出＞：

　　从 E 点开始画混凝土帽石，如图 5.11 所示。

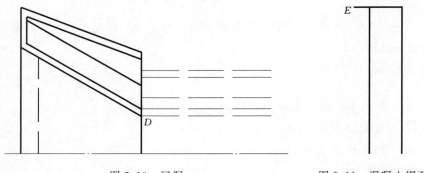

图 5.10　涵洞　　　　　　　　　　　图 5.11　混凝土帽石

命令：l LINE 指定第一点：

指定下一点或［放弃（U）］：300

指定下一点或［放弃（U）］：

指定下一点或［闭合（C）／放弃（U）］：

命令：co COPY

选择对象：找到 1 个

选择对象：

当前设置：复制模式＝多个

指定基点或［位移（D）／模式（O）］＜位移＞：指定第二个点或＜使用第一个点作为位
移＞：200

指定第二个点或［退出（E）／放弃（U）］＜退出＞：

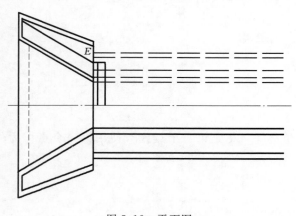

图 5.12　平面图

最后镜像，删掉多余的线段，如
图 5.12 所示。

命令：mi MIRROR

选择对象：指定对角点：找到 19 个

选择对象：指定镜像线的第一点：指
定镜像线的第二点：

要删除源对象吗？［是（Y）／否（N）］
＜N＞：

命令：指定对角点：

命令：e ERASE 找到 5 个

命令：ERASE 找到 2 个

5.1.3 上游立面图

先沿垂直方向用点画线作一条线，
作为基准，然后画翼墙底部和翼墙，最后画盖板与混凝土帽石。

1. 翼墙底部（图 5.13）

命令：l LINE 指定第一点：

指定下一点或［放弃（U）］：

指定下一点或［放弃（U）］：

命令：LINE 指定第一点：

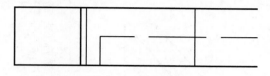

图 5.13 翼墙底部

指定下一点或［放弃（U）］：2500

指定下一点或［放弃（U）］：600

指定下一点或［闭合（C）/放弃（U）］：

指定下一点或［闭合（C）/放弃（U）］：

命令：LINE 指定第一点：680

指定下一点或［放弃（U）］：

指定下一点或［放弃（U）］：

命令：LINE 指定第一点：1730

指定下一点或［放弃（U）］：

指定下一点或［放弃（U）］：

命令：LINE 指定第一点：

指定下一点或［放弃（U）］：1610

指定下一点或［放弃（U）］：

指定下一点或［闭合（C）/放弃（U）］：

2. "八"字翼墙（图 5.14）

命令：l LINE 指定第一点：750

指定下一点或［放弃（U）］：1500

指定下一点或［放弃（U）］：400

指定下一点或［闭合（C）/放弃（U）］：

命令：LINE 指定第一点：120

指定下一点或［放弃（U）］：460

指定下一点或［放弃（U）］：230

指定下一点或［闭合（C）/放弃（U）］：400

指定下一点或［闭合（C）/放弃（U）］：

指定下一点或［闭合（C）/放弃（U）］：

命令：LINE 指定第一点：

指定下一点或［放弃（U）］：

指定下一点或［放弃（U）］：

命令：LINE 指定第一点：

指定下一点或［放弃（U）］：

指定下一点或［放弃（U）］：

3. 盖板与混凝土帽石（图5.15）

命令：l LINE 指定第一点：

指定下一点或［放弃（U）］：

指定下一点或［放弃（U）］：170

指定下一点或［闭合（C）/放弃（U）］：

指定下一点或［闭合（C）/放弃（U）］：

命令：LINE 指定第一点：

指定下一点或［放弃（U）］：300

指定下一点或［放弃（U）］：

指定下一点或［闭合（C）/放弃（U）］：

命令：co COPY

选择对象：找到 1 个

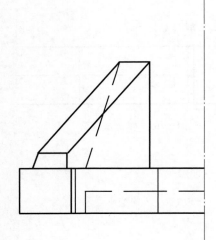

图 5.14 "八"字翼墙

5.1.4 A-A 剖视图

先画翼墙底部，接下来画翼墙，最后画盖板与混凝土帽石。

1. 翼墙底部（图 5.16）

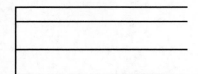

图 5.15 盖板与混凝土帽石

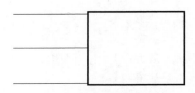

图 5.16 翼墙底部

命令：l LINE 指定第一点：

指定下一点或［放弃（U）］：1420

指定下一点或［放弃（U）］：600

指定下一点或［闭合（C）/放弃（U）］：

指定下一点或［闭合（C）/放弃（U）］：630

指定下一点或［闭合（C）/放弃（U）］：

指定下一点或［闭合（C）/放弃（U）］：

2. "八"字翼墙（图 5.17）

命令：LINE 指定第一点：120

指定下一点或［放弃（U）］：1500

指定下一点或［放弃（U）］：200

指定下一点或［闭合（C）/放弃（U）］：170

指定下一点或［闭合（C）/放弃（U）］：

命令：LINE 指定第一点：120

指定下一点或［放弃（U）］：1670

指定下一点或［放弃（U）］：

指定下一点或［闭合（C）/放弃（U）］：

　　3. 盖板与混凝土帽石（图5.18）

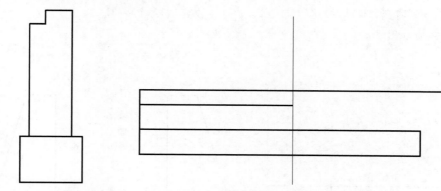

　　图5.17　"八"字翼墙　　　　　　图5.18　盖板与混凝土帽石

命令：l LINE 指定第一点：

指定下一点或［放弃（U）］：

指定下一点或［放弃（U）］：

指定下一点或［闭合（C）/放弃（U）］：

指定下一点或［闭合（C）/放弃（U）］：

命令：LINE 指定第一点：

指定下一点或［放弃（U）］：

指定下一点或［放弃（U）］：

5.1.5　*B*-*B* 视图

　　先画一条垂直辅助线，再画底板，然后画翼墙。

　　1. 底板（图5.19）

命令：l LINE 指定第一点：

指定下一点或［放弃（U）］：

指定下一点或［放弃（U）］：

命令：LINE 指定第一点：

指定下一点或［放弃（U）］：630

指定下一点或［放弃（U）］：300

指定下一点或［闭合（C）/放弃（U）］：1100

指定下一点或［闭合（C）/放弃（U）］：600

指定下一点或［闭合（C）/放弃（U）］：

指定下一点或［闭合（C）/放弃（U）］：

命令：ex EXTEND

当前设置：投影＝UCS，边＝无

选择边界的边 ...

选择对象或＜全部选择＞：

选择要延伸的对象，或按住 Shift 键选择要修剪的对象，或

［栏选（F）/窗交（C）/投影（P）/边（E）/放弃（U）］：

选择要延伸的对象，或按住 Shift 键选择要修剪的对象，或

［栏选（F）/窗交（C）/投影（P）/边（E）/放弃（U）］：

　　2. 翼墙（图 5.20）

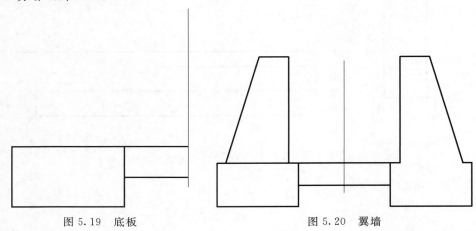

图 5.19　底板　　　　　　　　　　图 5.20　翼墙

命令：l LINE 指定第一点：750

指定下一点或［放弃（U）］：1500

指定下一点或［放弃（U）］：400

指定下一点或［闭合（C）/放弃（U）］：

命令：LINE 指定第一点：120

指定下一点或［放弃（U）］：

指定下一点或［放弃（U）］：

命令：mi MIRROR

选择对象：指定对角点：找到 8 个

选择对象：指定镜像线的第一点：指定镜像线的第二点：

要删除源对象吗？［是（Y）/否（N）］<N>：

5.1.6　标注

　　标注所有有标注的位置，如图 5.21 所示。

命令：dli DIMLINEAR

指定第一条延伸线原点或<选择对象>：

指定第二条延伸线原点：

指定尺寸线位置或

［多行文字（M）/文字（T）/角度（A）/水平（H）/垂直（V）/旋转（R）］：

标注文字=400

命令：dco DIMCONTINUE

指定第二条延伸线原点或［放弃（U）/选择（S）］<选择>：

标注文字=460

图 5.21　标注

指定第二条延伸线原点或［放弃（U）/选择（S）］＜选择＞：

选择连续标注：

引线与文字：　　　　　　　　　　　　（标注所有有标注的位置）

命令：le QLEADER　　　　　　　　（引线标注）

指定第一个引线点或［设置（S）］＜设置＞：

指定下一点：

指定下一点：

指定文字宽度＜0＞：＊取消＊

命令：t MTEXT 当前文字样式："1"文字高度：2.5　注释性：否

　　　　　　　　　　　　　　（文字标注）

指定第一角点：

指定对角点或［高度（H）/对正（J）/行距（L）/旋转（R）/样式（S）/宽度（W）/栏（C）］：

5.1.7　填充

命令：ELLIPSE　　　　　　　　　（绘制椭圆）

指定椭圆的轴端点或［圆弧（A）/中心点（C）］：

需要点或选项关键字。

指定椭圆的轴端点或［圆弧（A）/中心点（C）］：

指定轴的另一个端点：

指定另一条半轴长度或［旋转（R）］：

命令：co COPY

选择对象：找到 1 个

命令：h HATCH　　　　　　　　　（钢筋混凝土填充）

拾取内部点或［选择对象（S）/删除边界（B）］：

正在选择所有对象…

正在选择所有可见对象…

正在分析所选数据…

正在分析内部孤岛…

拾取内部点或［选择对象（S）/删除边界（B）］：

正在分析内部孤岛…

拾取内部点或［选择对象（S）/删除边界（B）］：

命令：HATCH

拾取内部点或［选择对象（S）/删除边界（B）］：

正在选择所有对象…

正在选择所有可见对象…

正在分析所选数据…

正在分析内部孤岛…

拾取内部点或［选择对象（S）/删除边界（B）］：

完成后的效果如图 5.22 所示。

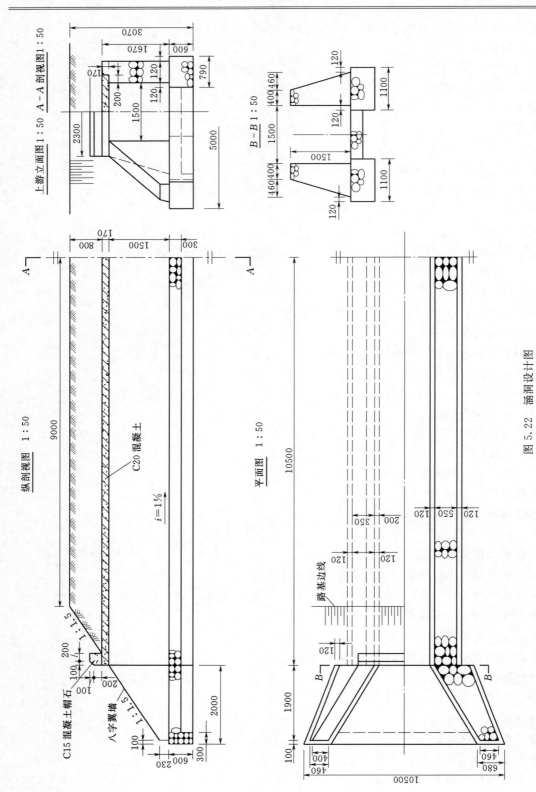

图 5.22 涵洞设计图

5.2 桥墩

桥墩结构分析。图 5.23 所示为桩柱式桥墩构造图，桥墩由盖梁（墩帽）、系梁、立柱和桩柱组成。其中，立柱和桩柱的形状都是圆柱体，系梁的形状是一个长方体，盖梁的形状是一个棱柱体。

绘制桩柱式桥墩构造图时，可先画立面图，再画侧面图，最后画平面图。

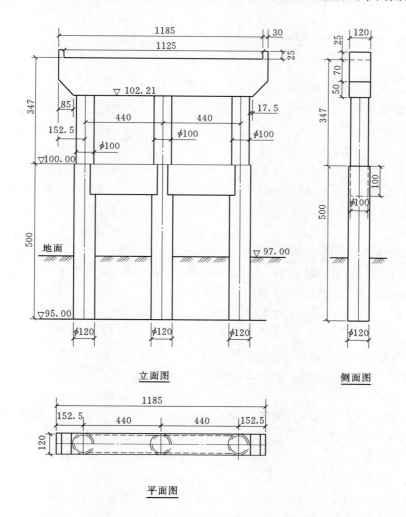

注:本图尺寸除高程以 m 计外,其余均以 cm 为单位。

图 5.23 桩柱式桥墩构造图

5.2.1 立面图

1. 绘制作图基准线

用直线 LINE 命令绘制高程为 95m 的水平线作为铅垂方（高度）向的基准；在此基

准线的中点向上绘制铅垂线作水平（宽度）方向的基准，并用偏移或复制命令绘制 3 个立柱的轴线，如图 5.24 所示。

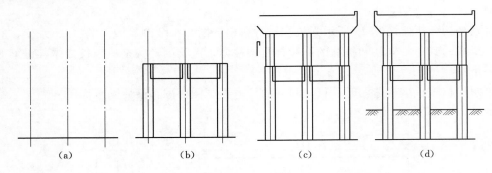

　　　(a)　　　　　　　　(b)　　　　　　　　(c)　　　　　　　　(d)

图 5.24　立面图

命令：_ line 指定第一点：　　　　　　　　　　　　　（指定水平基准线的起点）
指定下一点或［放弃（U）］：1185　　　　　　　　　（输入水平距离 1185）
指定下一点或［放弃（U）］：　　　　　　　　　　　（连续按回车键，重复直线命令）
命令：_ line 指定第一点：　　　　　　　　　　　　　（捕捉水平基准线的中点）
指定下一点或［放弃（U）］：850　　　　　　　　　　（输入高度距离 1185）
指定下一点或［放弃（U）］：　　　　　　　　　　　（按回车键，结束）
命令：_ offset　　　　　　　　　　　　　　　　　　（偏移铅垂基准线）
当前设置：删除源＝否 图层＝源 OFFSETGAPTYPE＝0
指定偏移距离或［通过（T）/删除（E）/图层（L）］＜通过＞：440（偏移距离 440，按回车键）
选择要偏移的对象，或［退出（E）/放弃（U）］＜退出＞：　（选择铅垂基准线）
指定要偏移的那一侧上的点，或［退出（E）/多个（M）/放弃（U）］＜退出＞：
　　　　　　　　　　　　　　　　　　　　　　　　（左侧单击）
选择要偏移的对象，或［退出（E）/放弃（U）］＜退出＞：　（选择铅垂基准线）
指定要偏移的那一侧上的点，或［退出（E）/多个（M）/放弃（U）］＜退出＞：
　　　　　　　　　　　　　　　　　　　　　　　　（右侧单击）
选择要偏移的对象，或［退出（E）/放弃（U）］＜退出＞：　（按回车键，结束）
　　2. 绘制桩柱（下部圆柱）
命令：_ line 指定第一点：60　　　　　　　（从轴线向左追踪 60，按回车键）
指定下一点或［放弃（U）］：500　　　　　　（向上 500，按回车键）
指定下一点或［放弃（U）］：120　　　　　　（向右 120，按回车键）
指定下一点或［放弃（U）］：500　　　　　　（向下 500，按回车键）
指定下一点或［放弃（U）］：120　　　　　　（向左 120，按回车键）
指定下一点或［闭合（C）/放弃（U）］：　　　（结束）
命令：_ copy　　　　　　　　　　　　　　（复制对象）
选择对象：指定对角点：找到 4 个（框选 4 条圆柱轮廓线）
选择对象：　　　　　　　　　　　　　　　（按回车键）

当前设置：复制模式＝多个

指定基点或［位移（D）/模式（O）］＜位移＞：

　　　　　　　　　　　　　　　　　　　（选择中点）

指定第二个点或［阵列（A）］＜使用第一个点作为位移＞：

　　　　　　　　　　　　　　　　　　（捕捉基点连续复制）

指定第二个点或［阵列（A）/退出（E）/放弃（U）］＜退出＞：

　　　　　　　　　　　　　　　　　　（按回车键退出）

　　3. 绘制系梁（横梁）

命令：_ line 指定第一点：　　　　　　　　（捕捉左端柱顶）

指定下一点或［放弃（U）］：　　　　　　（捕捉右端柱顶）

指定下一点或［放弃（U）］：　　　　　　（按回车键）

命令：_ line 指定第一点：30　　　　　（从轴线追踪 30，按回车键）

指定下一点或［放弃（U）］：100　　　　（向下 100，按回车键）

指定下一点或［放弃（U）］：380　　　　（向右 380，按回车键）

指定下一点或［闭合（C）/放弃（U）］：100　（向上 100，按回车键）

指定下一点或［闭合（C）/放弃（U）］：　　（按回车键）

命令：_ mirror　　　　　　　　　　　（镜像）

选择对象：　　　　　　　　　　　　　（框选 3 条轮廓线）

指定对角点：找到 1 个，总计 3 个

选择对象：　　　　　　　　　　　　　（按回车键结束选择）

指定镜像线的第一点：指定镜像线的第二点：（在中线上指定两点）

要删除源对象吗？［是（Y）/否（N）］＜N＞：（按回车键）

令：_ trim

当前设置：投影＝UCS，边＝无

选择剪切边…　　　　　　　　　　　（窗交法选多个边界）

选择对象或＜全部选择＞：指定对角点：找到 30 个

选择对象：　　　　　　　　　　　　（选定边界，按回车键）

选择要修剪的对象，或按住 Shift 键选择要延伸的对象，或

［栏选（F）/窗交（C）/投影（P）/边（E）/删除（R）/放弃（U）］：

　　　　　　　　　　　　　　　　　　（修剪多余线）

……

选择要修剪的对象，或按住 Shift 键选择要延伸的对象，或

［栏选（F）/窗交（C）/投影（P）/边（E）/删除（R）/放弃（U）］：

　　　　　　　　　　　　　　　　　（按回车键，结束修剪）

　　4. 绘制立柱（上部小圆柱）

命令：_ line 指定第一点：10

指定下一点或［放弃（U）］：221

指定下一点或［放弃（U）］：100

指定下一点或 [闭合 (C) /放弃 (U)]：

指定下一点或 [闭合 (C) /放弃 (U)]：

命令：_ copy

选择对象：指定对角点：找到 4 个

选择对象：　　　　　　　　　　　　　　　　　　　　　　　　（按回车键）

当前设置：复制模式＝多个

指定基点或 [位移 (D) /模式 (O)] ＜位移＞：

指定第二个点或 [阵列 (A)] ＜使用第一个点作为位移＞：

指定第二个点或 [阵列 (A) /退出 (E) /放弃 (U)] ＜退出＞：

指定第二个点或 [阵列 (A) /退出 (E) /放弃 (U)] ＜退出＞：（按回车键）

　　5. 绘制盖梁（墩帽）

命令：_ line 指定第一点：

指定下一点或 [放弃 (U)]：517.5

指定下一点或 [放弃 (U)]：@75，50

指定下一点或 [闭合 (C) /放弃 (U)]：95

指定下一点或 [闭合 (C) /放弃 (U)]：30

指定下一点或 [放弃 (U)]：25

指定下一点或 [放弃 (U)]：1125

命令：_ mirror

选择对象：指定对角点：找到 1 个

选择对象：找到 1 个，总计 5 个

选择对象：　　　　　　　　　　　　　　　　　　　　　　　　（按回车键）

指定镜像线的第一点：指定镜像线的第二点：

要删除源对象吗？[是 (Y) /否 (N)] ＜N＞：　　　　　　（按回车键，完成）

5.2.2　侧面图

　　1. 绘制作图基准线

　　用直线 LINE 命令以底部主要轮廓线（高程为 95m）的水平线作为高度基准，其长度为 20，在通过其中点绘制一条铅垂线作为对称基准线；然后进一步绘制侧面图，如图 5.25 所示。

命令：_ line 指定第一点：

指定下一点或 [放弃 (U)]：120　　　　　　　　　　（水平 120，按回车键）

指定下一点或 [放弃 (U)]：　　　　　　　　　　　　（连续按回车键）

命令：_ line 指定第一点：　　　　　　　　　　　　（重复直线命令，捕捉
　　　　　　　　　　　　　　　　　　　　　　　　　　水平线的中点）

指定下一点或 [放弃 (U)]：　　　　　　　　　　　　（向上任意指一点，高
　　　　　　　　　　　　　　　　　　　　　　　　　　平齐）

指定下一点或 [放弃 (U)]：　　　　　　　　　　　　（按回车键）

指定下一点或 [放弃 (U)]：120

指定下一点或［闭合（C）/放弃（U）］：

指定下一点或［闭合（C）/放弃（U）］：

　2. 绘制桩柱

命令：

命令：＿line 指定第一点：60　（从轴线向左追踪 60，
　　　　　　　　　　　　　　　　按回车键）

指定下一点或［放弃（U）］：120（向右 120，按回车键）

指定下一点或［放弃（U）］：500（向上 500，按回车键）

指定下一点或［闭合（C）/放弃（U）］：120

　　　　　　　　　　　　　　（向左 120，按回车键）

指定下一点或［闭合（C）/放弃（U）］：C

　　　　　　　　　　　　　（按回车键，闭合）

　3. 绘制盖梁

命令：＿line 指定第一点：60　（从轴线向左追踪 60，
　　　　　　　　　　　　　　　按回车键）

指定下一点或［放弃（U）］：120（向右 120，按回车键）

指定下一点或［放弃（U）］：145（向上 145，按回车键）

指定下一点或［闭合（C）/放弃（U）］：120

指定下一点或［闭合（C）/放弃（U）］：C

命令：＿offset（向上偏移实线）

当前设置：删除源＝否 图层＝源 OFFSETGAPTYPE＝0

指定偏移距离或［通过（T）/删除（E）/图层（L）］＜通过＞：50

　　　　　　　　　　　　　　　　　　（指定偏移距离）

选择要偏移的对象，或［退出（E）/放弃（U）］＜退出＞：（选择实线）

指定要偏移的那一侧上的点，或［退出（E）/多个（M）/放弃（U）］＜退出＞：

　　　　　　　　　　　　　　　　　　（向上单击）

选择要偏移的对象，或［退出（E）/放弃（U）］＜退出＞：（按回车键）

命令：＿offset（偏移虚线）

当前设置：删除源＝否 图层＝源 OFFSETGAPTYPE＝0

指定偏移距离或［通过（T）/删除（E）/图层（L）］＜50.0000＞：25

　　　　　　　　　　　　　　　　　　（指定偏移距离）

选择要偏移的对象，或［退出（E）/放弃（U）］＜退出＞：（选择顶部实线）

指定要偏移的那一侧上的点，或［退出（E）/多个（M）/放弃（U）］＜退出＞：

　　　　　　　　　　　　　　　　　　（向下单击）

选择要偏移的对象，或［退出（E）/放弃（U）］＜退出＞：

　　　　　　　　　　　　　　　　　　（按回车键，并夹点换成虚
　　　　　　　　　　　　　　　　　　线）

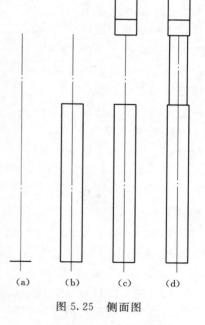

(a)　　(b)　　(c)　　(d)

图 5.25　侧面图

（向左 120，按回车键）

（按回车键，闭合）

　4. 绘制立柱

命令：_ line 指定第一点：10　　　　　　　　（从左端点向右追踪 10，按回车键）

指定下一点或〔放弃（U）〕：　　　　　　　（向下捕捉垂足，单击）

指定下一点或〔放弃（U）〕：　　　　　　　（按回车键）

命令：_ line 指定第一点：10　　　　　　　　（从右端点向左追踪 10，按回车键）

指定下一点或〔放弃（U）〕：　　　　　　　（向下捕捉垂足，单击）

指定下一点或〔放弃（U）〕：　　　　　　　（按回车键）

　5. 绘制系梁（横梁）

命令：_ line 指定第一点：　　　　　　　　　（捕系梁端点）

指定下一点或〔放弃（U）〕：　　　　　　　（向下绘虚线）

指定下一点或〔放弃（U）〕：　　　　　　　（向右绘虚线）

指定下一点或〔放弃（U）〕：　　　　　　　（向上绘虚线）

（按回车键结束）

5.2.3　平面图

　1. 绘制作图基准线

　　用直线 LINE 命令绘制一条水平线作为基准；在此基准线的中点及两侧，绘制圆心定位线，应与立面图长对正，如图 5.26 所示。

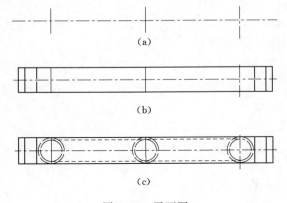

(a)

(b)

(c)

图 5.26　平面图

命令：_ line 指定第一点：　　　　　　　　　（绘制水平线，指定起点）

指定下一点或〔放弃（U）〕：　　　　　　　（参考立面图指定终点）

指定下一点或〔放弃（U）〕：　　　　　　　（按回车键）

（同样方法绘制三个圆心的定位线）

　2. 绘制墩帽轮廓（矩形）

命令：_ line 指定第一点：60　　　　　　　　（从基准线左端向下追踪 60，按回车键）

指定下一点或〔放弃（U）〕：120　　　　　　（向上 120，按回车键）

指定下一点或〔放弃（U）〕：1185　　　　　（向左 1185，按回车键）

指定下一点或〔闭合（C）/放弃（U）〕：120　（向下 120，按回车键）

指定下一点或〔闭合（C）/放弃（U）〕：1185　（向右 1185，按回车键）

命令：_offset

当前设置：删除源＝否 图层＝源 OFFSETGAPTYPE＝0

指定偏移距离或［通过（T）/删除（E）/图层（L）］＜25.0000＞：30

　　　　　　　　　　　　　　　　　（距离30，按回车键）

选择要偏移的对象，或［退出（E）/放弃（U）］＜退出＞：

　　　　　　　　　　　　　　　　　（选择矩形左端线）

指定要偏移的那一侧上的点，或［退出（E）/多个（M）/放弃（U）］＜退出＞：

　　　　　　　　　　　　　　　　　（向右单击）

选择要偏移的对象，或［退出（E）/放弃（U）］＜退出＞：

　　　　　　　　　　　　　　　　　（重复操作，直至完成）

指定要偏移的那一侧上的点，或［退出（E）/多个（M）/放弃（U）］＜退出＞：

　　　　　　　　　　　　　　　　　（按回车键）

　　3. 绘制桩柱和立柱（同心圆为虚线，见图5.26）

命令：c CIRCLE 指定圆的圆心或［三点（3P）/两点（2P）/切点、切点、半径（T）］：

　　　　　　　　　　　　　　　　　（指定圆心）

指定圆的半径或［直径（D）］＜50.0000＞：60　　（半径60）

命令：CIRCLE 指定圆的圆心或［三点（3P）/两点（2P）/切点、切点、半径（T）］：

（指定圆心）

指定圆的半径或［直径（D）］＜60.0000＞：50　　（半径50）

命令：_line 指定第一点：　　　　　　　（用直线命令绘制虚线，直至完成）

指定下一点或［放弃（U）］：

指定下一点或［放弃（U）］：　　　　　　（按回车键，结束）

5.2.4 填充标注

先填充图案，再标注尺寸和文字，如图5.23所示。

　　1. 填充图案

命令：_rectang　　　　　　　　　　　（用矩形命令绘制图案填充范围）

指定第一个角点或［倒角（C）/标高（E）/圆角（F）/厚度（T）/宽度（W）］：

指定另一个角点或［面积（A）/尺寸（D）/旋转（R）］：

命令：_hatch　　　　　　　　　　　　（图案填充，在矩形内单击）

拾取内部点或［选择对象（S）/删除边界（B）］：正在选择所有对象…

正在选择所有可见对象…

正在分析所选数据…　　　　　　　　　　（可利用对话框操作）

正在分析内部孤岛…　　　　　　　　　　（选择适当图案，确定比例）

拾取内部点或［选择对象（S）/删除边界（B）］：　（按回车键，完成）

　　　　　　　　　　　　　　　　　（侧面图和立面图图案填充方法相同）

　　2. 标注尺寸

命令：_dimlinear

指定第一个尺寸界线原点或＜选择对象＞：

指定第二条尺寸界线原点：

指定尺寸线位置或

[多行文字（M）/文字（T）/角度（A）/水平（H）/垂直（V）/旋转（R）]：

标注文字＝1185   （所有尺寸标注，方法相同，不再

多述）

    3. 注写文字

命令：＿mtext 当前文字样式："数字和字母"文字高度：2.5 注释性：否

指定第一角点：

指定对角点或[高度（H）/对正（J）/行距（L）/旋转（R）/样式（S）/宽度（W）/栏

（C）]：   （用多行文字命令注写所需文字）

第6章 机 械 图

任何机器或部件都是由各种零件按一定的要求装配而成的。表示零件的结构、大小及技术要求的图样称为零件图。在绘制零件图时，首先对零件进行形体分析和结构分析，要分清主要形体和次要形体，并了解其功用及加工方法，以便确定一个较好的表达方案。

零件的结构和形状是多种多样的，因此表达它们的方式也不相同。为了能用最少的一组视图将零件的内外结构形状表达清楚，在选择视图时应按以下原则来考虑：主视图的选择应考虑零件的加工位置（零件在加工过程中所放的位置）、工作位置（零件加工好以后装配在机器上的位置）和形状特征。其他视图的选择原则是：在零件各部分形状表达清楚的前提下，视图的数量应最少。本章主要研究传动轴和齿轮零件图的画法。

6.1 传动轴

首先分析图 6.1 所示传动轴的形体结构，该轴是一个变径轴。主视图的选择应考虑零件的加工位置（水平放置），其他视图可在垂直轴线方向的不同位置作断面。弄清视图及数量便可布置各视图位置，然后再开始画图。

6.1.1 绘主视图

1. 确定轴线和各部分的定位线（图 6.2）

命令：LINE

指定第一点：　　　　　　　　　　　　　　（选择任意一点为起点）

指定下一点或［放弃（U）］：35　　　　　　（打开［F8］模式，将鼠标往 90°方向移动，输入 35，画铅垂线）

指定下一点或［放弃（U）］：　　　　　　　（按回车键）

命令：LINE

指定第一点：　　　　　　　　　　　　　　（捕捉铅垂线的中点，并向左追踪 7 为起点）

指定下一点或［放弃（U）］：200　　　　　（打开［F8］模式，将鼠标往 0°方向移动后输入 200，画水平线）

指定下一点或［放弃（U）］：　　　　　　　（按回车键）

命令：OFFSET

指定偏移距离或［通过（T）］〈通过〉：2　　（输入 2 并按回车键）

选择要偏移的对象或〈退出〉：　　　　　　（选择垂直线）

指定点以确定偏移所在一侧：　　　　　　　（向 0°方向任取一点作偏移复制）

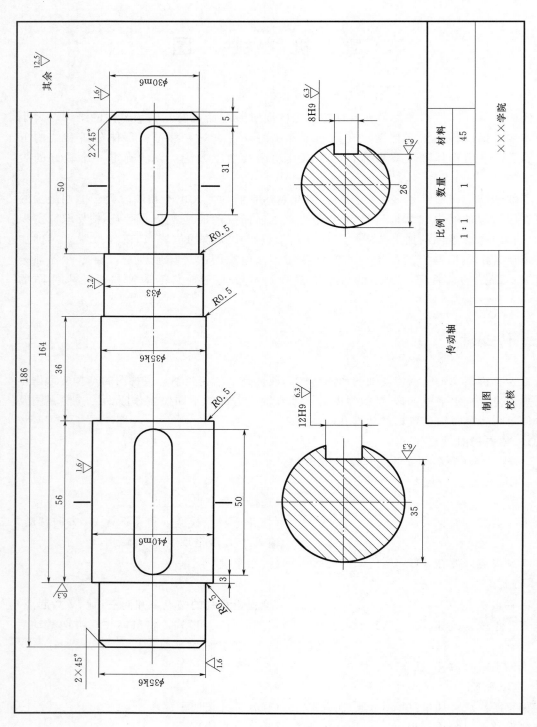

图 6.1 机械图——传动轴

选择要偏移的对象或〈退出〉：	（按回车键）
命令：OFFSET	
指定偏移距离或［通过（T）］〈通过〉：20	（输入 20 并按回车键）
选择要偏移的对象或〈退出〉：	（选择新偏移的直线）
指定点以确定偏移所在一侧：	（向 0°方向任取一点作偏移复制）
选择要偏移的对象或〈退出〉：	（按回车键）
命令：OFFSET	
指定偏移距离或［通过（T）］〈通过〉：56	（输入 56 并按回车键）
选择要偏移的对象或〈退出〉：	（选择新偏移的直线）
指定点以确定偏移所在一侧：	（向 0°方向任取一点作偏移复制）
选择要偏移的对象或〈退出〉：	（按回车键）
命令：OFFSET	
指定偏移距离或［通过（T）］〈通过〉：36	（输入 36 并按回车键）
选择要偏移的对象或〈退出〉：	（选择新偏移的直线）
指定点以确定偏移所在一侧：	（向 0°方向任取一点作偏移复制）
选择要偏移的对象或〈退出〉：	（按回车键）
命令：OFFSET	
指定偏移距离或［通过（T）］〈通过〉：22	（输入 22 并按回车键）
选择要偏移的对象或〈退出〉：	（选择新偏移的直线）
指定点以确定偏移所在一侧：	（向 0°方向任取一点作偏移复制）
选择要偏移的对象或〈退出〉：	（按回车键）
命令：OFFSET	
指定偏移距离或［通过（T）］〈通过〉：50	（输入 50 并按回车键）
选择要偏移的对象或〈退出〉：	（选择新偏移的直线）
指定点以确定偏移所在一侧：	（向 0°方向任取一点作偏移复制）
选择要偏移的对象或〈退出〉：	（按回车键）
命令：OFFSET	
指定偏移距离或［通过（T）］〈通过〉：2	（输入 2 并按回车键）
选择要偏移的对象或〈退出〉：	（选择新偏移的直线）
指定点以确定偏移所在一侧：	（向 270°方向任取一点作偏移复制）
选择要偏移的对象或〈退出〉：	（按回车键）

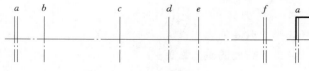

图 6.2　定位轴线

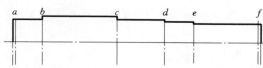

图 6.3　轴的上半部分轮廓线

2. 画轴的上半部分轮廓线（图 6.3）

命令：LINE

指定第一点：　　　　　　　　　　　　　（打开对象捕捉，捕捉左端铅垂线的中点）

指定下一点或［放弃（U）］：　　　　　　（捕捉 *a* 点）

指定下一点或［放弃（U）］：　　　　　　（捕捉 *b* 点）

指定下一点或［闭合（C）/放弃（U）］：2.5　（将鼠标往 90°方向移动，输入长度 2.5 作铅垂线）

指定下一点或［闭合（C）/放弃（U）］：56　（将鼠标往 0°方向移动，输入长度 56 作水平线）

指定下一点或［闭合（C）/放弃（U）］：　　（捕捉 *c* 点）

指定下一点或［闭合（C）/放弃（U）］：　　（捕捉 *d* 点）

指定下一点或［闭合（C）/放弃（U）］：1　（将鼠标往 270°方向移动，输入长度 1 作铅直线）

指定下一点或［闭合（C）/放弃（U）］：22　（打开［F8］模式，鼠标向 0°方向移动，输入长度 22）

指定下一点或［闭合（C）/放弃（U）］：1.5　（将鼠标往 270°方向移动，输入长度作 1.5）

指定下一点或［闭合（C）/放弃（U）］：50　（将鼠标向 0°方向移动，输入长度 50 或捕捉垂足）

指定下一点或［闭合（C）/放弃（U）］：　　（向 270°方向捕捉轴线的交点）

指定下一点或［闭合（C）/放弃（U）］：　　（按回车键）

3. 对各部分倒角和圆角后进行镜像（图 6.4）

命令：CHAMFER

选择第一条直线或［多段线（P）/距离（D）/角度（A）/修剪（T）/方式（M）/多个（U）］：D

　　　　　　　　　　　　　　　　　　　（D 输入后按回车键）

指定第一个倒角距离：2　　　　　　　　　（输入倒角距离 2 按回车键）

指定第二个倒角距离：2　　　　　　　　　（输入倒角距离 2 按回车键）

选择第一条直线或［多段线（P）/距离（D）/角度（A）/修剪（T）/方式（M）/多个（U）］：

　　　　　　　　　　　　　　　　　　　（选择左端 *a* 处的铅垂线）

选择第二条直线：　　　　　　　　　　　（选择左端 *a* 处的水平线）

　　　　　　　　　　　　　　　　　　　（同理可对右端 *f* 处进行倒角）

命令：FILLET

当前设置：模式＝修剪，半径＝0.0000

选择第一个对象或［多段线（P）/半径（R）/修剪（T）/多个（U）］：R

　　　　　　　　　　　　　　　　　　　（输入选项 R）

指定圆角半径：0.5　　　　　　　　　　　（输入半径 0.5）

选择第一个对象或［多段线（P）/半径（R）/修剪（T）/多个（U）］：

　　　　　　　　　　　　　　　　　　　（选择 *b* 点处的水平线）

选择第二个对象：　　　　　　　　　　　（选择 *b* 点处的垂直线）

用同样方法可作出点 *c*、*d*、*e* 处的圆角。

命令：MIRROR

选择对象：　　　　　　　　　　　　　　（将轴上半部分轮廓线全部选中）

指定镜像线的第一点：　　　　　　　　　（选择轴的左端点）

指定镜像线的第二点：　　　　　　　　　（选择轴的右端点）

是否删除源对象？［是（Y）/否（N）］：（按回车键）

　　4. 绘制左、右键槽并修整主视图（图6.5）

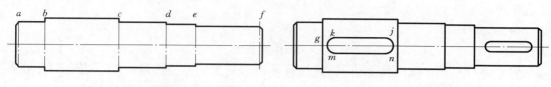

　　　图6.4　轴的轮廓镜像图　　　　　　　　　　图6.5　轴的主视图

　　（1）绘制左端键槽。

命令：CIRCLE

指定圆的圆心或［三点（3P）/两点（2P）/相切、相切、半径（T）］：9

　　　　　　　　　　　　　　　　　　　　（捕捉 g 点向右追踪，输入 9 "距离 3、半径 6"）

指定圆的半径或［直径（D）］：6　　　　（输入半径 6 按回车键）

命令：COPY

选择对象：　　　　　　　　　　　　　　（选择圆）

指定点或位移，或者［重复（M）］：　　（捕捉圆心）

指定位移的第二点或〈用第一点作位移〉（鼠标向 0°方向移动，输入 38 按回车键）

命令：LINE

指定第一点：　　　　　　　　　　　　　（打开对象捕捉，捕捉第一个圆的切点 k）

指定下一点或［放弃（U）］：　　　　　　（捕捉第二个圆的切点 j）

指定下一点或［放弃（U）］：　　　　　　（按回车键完成线段绘制）

命令：LINE

指定第一点：　　　　　　　　　　　　　（打开对象捕捉，捕捉第一个圆切点 m）

指定下一点或［放弃（U）］：　　　　　　（捕捉第二个圆切点 n）

指定下一点或［放弃（U）］：　　　　　　（按回车键完成线段绘制）

命令：TRIM

选择对象：　　　　　　　　　　　　　　（选择直线 kj）

选择对象：　　　　　　　　　　　　　　（选择直线 mn）

选择要修剪的对象，或按住 Shift 键选择要延伸的对象，或［投影（P）/边（E）/放弃（U）］：

　　　　　　　　　　　　　　　　　　　　（选择圆内部的半圆 km）

选择要修剪的对象，或按住 Shift 键选择要延伸的对象，或［投影（P）/边（E）/放弃（U）］：

　　　　　　　　　　　　　　　　　　　　（选择圆内部的半圆 nj）

选择要修剪的对象，或按住 Shift 键选择要延伸的对象，或［投影（P）/边（E）/放弃（U）］：

(按回车键)

（2）绘制右端键槽。方法与上述相同，不再赘述。

（3）修整主视图。

命令：TRIM

当前设置：投影＝UCS，边＝无

选择边界的边…

选择对象：   （选择全部）

选择要修剪的对象，或按住 Shift 键选择要延伸的对象，或［投影（P）/边（E）/放弃
（U）］：   （选择多余的部分）

选择要修剪的对象，或按住 Shift 键选择要延伸的对象，或［投影（P）/边（E）/放弃
（U）］：   （按回车键）

命令：EXTEND

当前设置：投影＝UCS，边＝无

选择边界的边…

选择对象：   （选择全部）

选择要延伸的对象，或按住 Shift 键选择要修剪的对象，或［投影（P）/边（E）/放弃
（U）］：   （选择各条需要延伸的直线）

选择要延伸的对象，或按住 Shift 键选择要修剪的对象，或［投影（P）/边（E）/放弃
（U）］：   （按回车键）

6.1.2 绘断面图

绘制左端键槽处的断面，如图 6.6 所示。

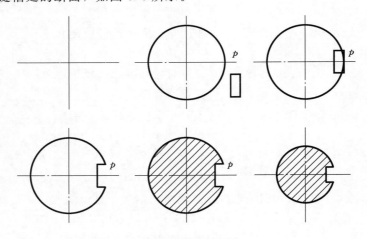

图 6.6 轴的断面图

1. 用直线直命令确定定位轴线

命令：LINE

指定第一点：   （在主视图下方任选一点为起点）

指定下一点或［放弃（U）］：   （沿 0°方向作一条适当长的水平线）

指定下一点或［放弃（U）］：   （按回车键完成线段绘制）

命令：LINE

指定第一点：   （在水平线中点上方选适当一点为起点）

指定下一点或［放弃（U）］：   （沿 270°方向作一条适当长的垂直线）

指定下一点或［放弃（U）］：   （按回车键完成线段绘制）

    2. 绘制轮廓线

命令：CIRCLE

指定圆的圆心或［三点（3P）/两点（2P）/相切、相切、半径（T）］：

                                （捕捉交点为圆心）

指定圆的半径或［直径（D）］：20   （输入半径 20 并按回车键）

命令：RECTANG

指定第一个角点或［倒角（C）/标高（E）/圆角（F）/厚度（T）/宽度（W）］：

                                （任选一点作为矩形角点）

指定另一个角点或［尺寸（D）］：   （输入@5，12 并按回车键）

命令：MOVE

选择对象：   （选择矩形）

指定基点或位移：   （捕捉矩形右垂直边中点）

指定位移第二个点或〈用第一点作位移〉：（捕捉圆的象限点 *P*）

命令：TRIM

选择对象：   （选择圆和矩形）

选择对象：   （按回车键）

选择要修剪的对象，或按住 Shift 键选择要延伸的对象，或［投影（P）/边（E）/放弃（U）］：

                                （选择要被修剪掉的部分）

选择要修剪的对象，或按住 Shift 键选择要延伸的对象，或［投影（P）/边（E）/放弃（U）］：

                                （按回车键）

命令：ERASE

选择对象：   （选择多余的线）

选择对象：   （按回车键）

    绘制右端键槽处的剖面：方法与绘制左端键槽处的剖面相同。

    3. 对剖面进行填充

    执行 BHATCH 命令；选择菜单栏中的"绘图（D）"→"图案填充（H）"命令；单击工具栏中的"绘图"→ 按钮

    弹出的"边界图案填充"对话框如图 6.7 所示，在"图案填充"选项卡下，单击图案按钮，弹出"填充图案选项板"对话框，如图 6.8 所示，在"其他预定义"选项卡中选择"LINE"图案，单击"确定"按钮。返回"边界图案填充"对话框，在"角度"下拉列表框中选择"45"度，单击"选择对象"图标按钮，进入剖面图，选择外轮廓线之后按回车键，返回对话框中单击"确定"按钮。

图 6.7 "边界图案填充"对话框

图 6.8 "填充图案选项板"对话框

6.1.3　标注尺寸

（1）标注水平方向尺寸（采用快速标注）：186、164、56、50、50、36、35、31、26、5、3 等。

（2）标注铅垂方向尺寸（用换文本方法）：ϕ35k6、ϕ40m6、ϕ35k6、ϕ33、ϕ30m6、12H9、8H9 等。

（3）标注圆角和倒角（用指引标注方法）：R0.5（4 个）、2×45°（2 个）。

（4）标注粗糙度符号（采用属性块标注）：12.5、6.3（5 个）、3.2、1.6（3 个）。

（5）完善标注后填写标题栏，完成后保存为 JXT 格式文件（机械图）。

注意：在作图过程中要及时保存，以防误操作或多种因素的影响而丢失图形文件。

6.2　齿轮

齿轮属于盘盖类零件。盘盖类零件包括手轮、齿轮、法兰盘等，它们大部分是由共轴的短粗的回转体组成，多由车床加工完成。因此这类零件通常也是按加工位置放置，把轴线放成水平位置来画，一般把非圆视图作为主视图，并常用剖视表达，然后根据零件的结构选择其他的视图来补充表达。如图 6.9 所示的齿轮零件图，其轴线水平放置，主视图采用了全剖视图。通过分析其作图步骤：先画主视图；再画左视图；然后画填充标注；最后填写表格。

6.2.1　主视图

（1）由于主视图上下左右均对称，所以先画视图的 1/4，然后通过镜像完成作图，作一条水平线和竖直线垂直相交，作为基准，然后进行绘制，如图 6.10（a）所示。

命令：l LINE 指定第一点：　　　　　　（作一条水平方向基准线）

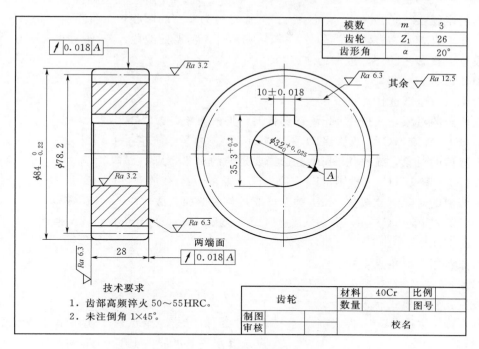

模数	m	3
齿轮	Z_1	26
齿形角	α	20°

齿轮		材料	40Cr	比例	
		数量		图号	
制图					
审核				校名	

技术要求

1. 齿部高频淬火 50～55HRC。

2. 未注倒角 1×45°。

图 6.9 齿轮零件图

指定下一点或［放弃（U）］：

指定下一点或［放弃（U）］：

命令：LINE 指定第一点：   （与水平线相交作一条垂直方向基准线）

指定下一点或［放弃（U）］：

指定下一点或［放弃（U）］：

命令：LINE 指定第一点：14   （捕捉水平线与垂直线的交点向左追踪 14 的距离
                             为起点）

指定下一点或［放弃（U）］：39.1   （向上作 39.1 的垂线）

指定下一点或［放弃（U）］：   （向右作水平线与垂线相交）

指定下一点或［闭合（C）/放弃（U）］：（按回车键）

命令：LINE 指定第一点：

指定下一点或［放弃（U）］：

命令：LINE 指定第一点：   （以上一条垂线的起点作为起点向上作 42 的垂
                             线）

指定下一点或［放弃（U）］：42   （向右作水平线与垂线相交）

指定下一点或［放弃（U）］：

指定下一点或［闭合（C）/放弃（U）］：

命令：c CIRCLE 指定圆的圆心或［三点（3P）/两点（2P）/切点、切点、半径（T）］：t

指定对象与圆的第一个切点：

指定对象与圆的第二个切点：

指定圆的半径<2.9000>：　　　　　　　　（作半径为 2.9 的圆相切于直角的两条边）

命令：tr TRIM　　　　　　　　　　　　（修剪掉不需要的线段）

当前设置：投影＝UCS，边＝延伸

选择剪切边 ...

选择对象或<全部选择>：

选择要修剪的对象，或按住 Shift 键选择要延伸的对象，或

［栏选（F）/窗交（C）/投影（P）/边（E）/删除（R）/放弃（U）］：

选择要修剪的对象，或按住 Shift 键选择要延伸的对象，或

［栏选（F）/窗交（C）/投影（P）/边（E）/删除（R）/放弃（U）］：

选择要修剪的对象，或按住 Shift 键选择要延伸的对象，或

［栏选（F）/窗交（C）/投影（P）/边（E）/删除（R）/放弃（U）］：＊取消＊

命令：co COPY

选择对象：指定对角点：找到 1 个

选择对象：

当前设置：复制模式＝多个

指定基点或［位移（D）/模式（O）］<位移>：指定第二个点或<使用第一个点作为位

移>：16　　　　　　　　　　　　　（选择水平基准线向上偏移 16 的距离）

第二个点或［退出（E）/放弃（U）］<退出>：

　　　　　　　　　　　　　　　　　　（偏移到适当位置）

第二个点或［退出（E）/放弃（U）］<退出>：

　　　　　　　　　　　　　　　　　　（偏移到适当位置）

指定第二个点或［退出（E）/放弃（U）］<退出>：

命令：l LINE 指定第一点：　　　　　（在水平基准线适当的位置作起点与水平基准偏

移线相交）

指定下一点或［放弃（U）］：

指定下一点或［放弃（U）］：　　　（打开极轴向左 45°做直线与垂线相交）

指定下一点或［闭合（C）/放弃（U）］：（按回车键）

命令：tr TRIM　　　　　　　　　　　（修剪掉多余的直线）

当前设置：投影＝UCS，边＝延伸

选择剪切边 ...

选择对象或<全部选择>：

选择要修剪的对象，或按住 Shift 键选择要延伸的对象，或

［栏选（F）/窗交（C）/投影（P）/边（E）/删除（R）/放弃（U）］：

选择要修剪的对象，或按住 Shift 键选择要延伸的对象，或

［栏选（F）/窗交（C）/投影（P）/边（E）/删除（R）/放弃（U）］：

选择要修剪的对象，或按住 Shift 键选择要延伸的对象，或

［栏选（F）/窗交（C）/投影（P）/边（E）/删除（R）/放弃（U）］：

　　（2）然后进行镜像，并删除多余的线，如图 6.10（b）所示。

命令：mi MIRROR   （全部选中作镜像命令）

选择对象：指定对角点：找到 10 个

选择对象：指定镜像线的第一点：指定镜像线的第二点：

要删除源对象吗？[是（Y）/否（N）] <N>：

命令：MIRROR

选择对象：指定对角点：找到 20 个   （全部选中作镜像命令）

选择对象：指定镜像线的第一点：指定镜像线的第二点：

要删除源对象吗？[是（Y）/否（N）] <N>：

（3）填充剖面材料，如图 6.11 所示。

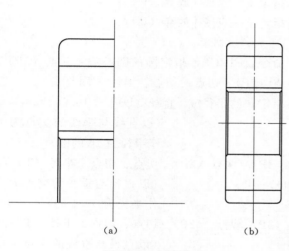

（a）   （b）

图 6.10 主视图

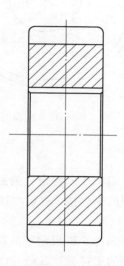

图 6.11 剖面填充

命令：h HATCH

拾取内部点或[选择对象（S）/删除边界（B）]：

正在选择所有对象...

正在选择所有可见对象...

正在分析所选数据...

正在分析内部孤岛...

拾取内部点或[选择对象（S）/删除边界（B）]：

正在分析内部孤岛...

拾取内部点或[选择对象（S）/删除边界（B）]：

正在分析内部孤岛...

拾取内部点或[选择对象（S）/删除边界（B）]：

正在分析内部孤岛...

拾取内部点或[选择对象（S）/删除边界（B）]：

6.2.2   左视图

先绘制轴线，与主视图高平齐，然后画外围大圆和小圆。最后将多余线段修剪（图 6.12）。

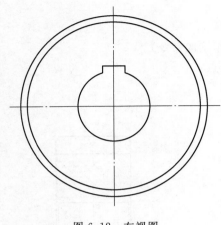

图 6.12   左视图

1. 绘制轴线

命令：l LINE 指定第一点：（作一条水平基准线）

指定下一点或［放弃（U）］：

指定下一点或［放弃（U）］：

命令：LINE 指定第一点：（与水平基准线相交作一条垂直方向基准线）

指定下一点或［放弃（U）］：

指定下一点或［放弃（U）］：

2. 绘制圆

命令：CIRCLE 指定圆的圆心或［三点（3P）/两点（2P）/切点、切点、半径（T）］：

指定圆的半径或［直径（D）］<16.0000>：（以直线与垂线的交点为中点作半径为 16 的圆）

命令：CIRCLE 指定圆的圆心或［三点（3P）/两点（2P）/切点、切点、半径（T）］：

指定圆的半径或［直径（D）］<39.1000>：（以直径与垂线的交点为中点作半径为 39.1 的圆）

命令：CIRCLE 指定圆的圆心或［三点（3P）/两点（2P）/切点、切点、半径（T）］：

指定圆的半径或［直径（D）］<42.0000>：（以直径与垂线的交点为中点作半径为 42 的圆）

命令：l LINE 指定第一点：（追踪主视图）

指定下一点或［放弃（U）］：5（从垂线基准线向左作 5 的直线）

指定下一点或［放弃（U）］：（向下作垂线与圆相交）

指定下一点或［闭合（C）/放弃（U）］：（按回车键）

命令：LINE 指定第一点：

指定下一点或［放弃（U）］：5（向右作 5 的水平线）

指定下一点或［放弃（U）］：（向下作垂线与圆相交）

指定下一点或［闭合（C）/放弃（U）］：（按回车键）

3. 修剪

命令：tr TRIM（剪切掉多余的线段）

当前设置：投影＝UCS，边＝延伸

选择剪切边 …

选择对象或<全部选择>：

选择要修剪的对象，或按住 Shift 键选择要延伸的对象，或

［栏选（F）/窗交（C）/投影（P）/边（E）/删除（R）/放弃（U）］：

选择要修剪的对象，或按住 Shift 键选择要延伸的对象，或

［栏选（F）/窗交（C）/投影（P）/边（E）/删除（R）/放弃（U）］：

选择要修剪的对象，或按住 Shift 键选择要延伸的对象，或

［栏选（F）/窗交（C）/投影（P）/边（E）/删除（R）/放弃（U）］：＊取消＊

6.2.3 尺寸与文字的标注

1. 复制到所有有标注的位置

用 ED 将文本修改（图 6.13）。

命令：dli DIMLINEAR

指定第一条延伸线原点或＜选择对象＞：

指定第二条延伸线原点：

指定尺寸线位置或

［多行文字（M）/文字（T）/角度（A）/水平（H）/垂直（V）/旋转（R）］：

标注文字＝84

命令：DIMLINEAR

指定第一条延伸线原点或＜选择对象＞：

选择标注对象：＊取消＊

命令：DIMLINEAR

指定第一条延伸线原点或＜选择对象＞：

指定第二条延伸线原点：

指定尺寸线位置或

［多行文字（M）/文字（T）/角度（A）/水平（H）/垂直（V）/旋转（R）］：

标注文字＝78.2

命令：ed DDEDIT

选择注释对象或［放弃（U）］：

选择注释对象或［放弃（U）］：

选择注释对象或［放弃（U）］：

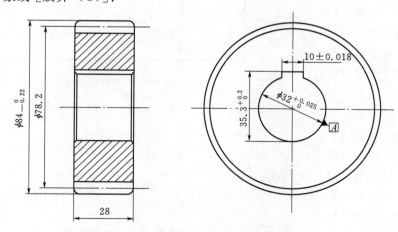

图 6.13 标注主视图

2. 表面结构代号

用多边形命令画等边三角形，文本高度为 2.5，斜线角度为 60°，高度为三角形高的两倍，如图 6.14 所示；用 COPY 命令复制到有标注的位置。

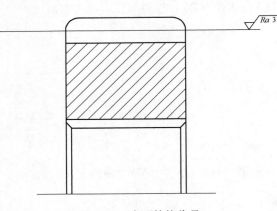

图 6.14　表面结构代号

命令：_ polygon 输入边的数目 <3>：（在适当位置任意定一中点）

指定正多边形的中心点或 [边 (E)]：

输入选项 [内接于圆 (I) /外切于圆 (C)] <I>：

指定圆的半径：

命令：l LINE 指定第一点：（从三角形的定点延边的方向作一条斜线，高为三角形高的 2 倍）

指定下一点或 [放弃 (U)]：

指定下一点或 [放弃 (U)]：

指定下一点或 [闭合 (C) /放弃 (U)]：（按回车键）

命令：t MTEXT 当前文字样式："Standard" 文字高度：2.5　注释性：否

指定第一角点：

指定对角点或 [高度 (H) /对正 (J) /行距 (L) /旋转 (R) /样式 (S) /宽度 (W) /栏 (C)]：

3. 填写图表

在右上角画一长方形，进行分格，格里面进行标注，如图 6.15 所示。

命令：rec RECTANG

指定第一个角点或 [倒角 (C) /标高 (E) /圆角 (F) /厚度 (T) /宽度 (W)]：

指定另一个角点或 [面积 (A) /尺寸 (D) /旋转 (R)]：

命令：l LINE 指定第一点：

指定下一点或 [放弃 (U)]：

指定下一点或 [放弃 (U)]：

命令：LINE 指定第一点：

指定下一点或 [放弃 (U)]：

指定下一点或 [放弃 (U)]：

命令：LINE 指定第一点：

指定下一点或 [放弃 (U)]：

指定下一点或 [放弃 (U)]：

命令：LINE 指定第一点：

指定下一点或 [放弃 (U)]：

指定下一点或 [放弃 (U)]：

模数	m	3
齿轮	Z_1	26
齿形轮	a	20°

图 6.15　图表文字填写与修改

命令：t MTEXT 当前文字样式："Standard" 文字高度：2.5 注释性：否

指定第一角点：

　　指定对角点或［高度（H）/对正（J）/行距（L）/旋转（R）/样式（S）/宽度（W）/栏（C）］：

需要二维角点或选项关键字。

指定对角点或［高度（H）/对正（J）/行距（L）/旋转（R）/样式（S）/宽度（W）/栏（C）］：

需要二维角点或选项关键字。

指定对角点或［高度（H）/对正（J）/行距（L）/旋转（R）/样式（S）/宽度（W）/栏（C）］：＊取消＊

命令：MTEXT 当前文字样式："Standard" 文字高度：2.5 注释性：否

指定第一角点：

指定对角点或［高度（H）/对正（J）/行距（L）/旋转（R）/样式（S）/宽度（W）/栏（C）］：

命令：COPY 找到 3 个

当前设置：复制模式＝多个

指定基点或［位移（D）/模式（O）］＜位移＞：指定第二个点或＜使用第一个点作为位移＞：

指定第二个点或［退出（E）/放弃（U）］＜退出＞：

指定第二个点或［退出（E）/放弃（U）］＜退出＞：

令：ed DDEDIT

选择注释对象或［放弃（U）］：

选择注释对象或［放弃（U）］：

选择注释对象或［放弃（U）］：

选择注释对象或［放弃（U）］：

选择注释对象或［放弃（U）］：

选择注释对象或［放弃（U）］：

选择注释对象或［放弃（U）］：

选择注释对象或［放弃（U）］：

选择注释对象或［放弃（U）］：

　　4. 标题栏

　　在右上角画以长方形，分格进行，格里面进行标注，如图 6.16 所示。

命令：rec RECTANG

指定第一个角点或［倒角（C）/标高（E）/圆角（F）/厚度（T）/宽度（W）］：

指定另一个角点或［面积（A）/尺寸（D）/旋转（R）］：

命令：l LINE 指定第一点：

指定下一点或［放弃（U）］：

指定下一点或［放弃（U）］：

命令：LINE 指定第一点：

指定下一点或［放弃（U）］：

指定下一点或［放弃（U）］：

命令：co COPY

选择对象：找到 1 个

选择对象：

当前设置：复制模式＝多个

指定基点或［位移（D）/模式（O）］＜位移＞：指定第二个点或＜使用第一个点作为位移＞：

指定第二个点或［退出（E）/放弃（U）］＜退出＞：

指定第二个点或［退出（E）/放弃（U）］＜退出＞：

指定第二个点或［退出（E）/放弃（U）］＜退出＞：

命令：

命令：COPY 找到 1 个

当前设置：复制模式＝多个

指定基点或［位移（D）/模式（O）］＜位移＞：指定第二个点或＜使用第一个点作为位移＞：

指定第二个点或［退出（E）/放弃（U）］＜退出＞：

指定第二个点或［退出（E）/放弃（U）］＜退出＞：

指定第二个点或［退出（E）/放弃（U）］＜退出＞：

指定第二个点或［退出（E）/放弃（U）］＜退出＞：

指定第二个点或［退出（E）/放弃（U）］＜退出＞：

指定第二个点或［退出（E）/放弃（U）］＜退出＞：

命令：tr TRIM

当前设置：投影＝UCS，边＝延伸

选择剪切边 ...

选择对象或＜全部选择＞：

选择要修剪的对象，或按住 Shift 键选择要延伸的对象，或

［栏选（F）/窗交（C）/投影（P）/边（E）/删除（R）/放弃（U）］：指定对角点：

选择要修剪的对象，或按住 Shift 键选择要延伸的对象，或

［栏选（F）/窗交（C）/投影（P）/边（E）/删除（R）/放弃（U）］：指定对角点：

选择要修剪的对象，或按住 Shift 键选择要延伸的对象，或

［栏选（F）/窗交（C）/投影（P）/边（E）/删除（R）/放弃（U）］：

命令：e ERASE 找到 4 个

命令：t MTEXT 当前文字样式："Standard" 文字高度：2.5 注释性：否

指定第一角点：

指定对角点或［高度（H）/对正（J）/行距（L）/旋转（R）/样式（S）/宽度（W）/栏（C）］：

需要二维角点或选项关键字。

命令：co COPY

选择对象：找到 1 个

选择对象：

当前设置：复制模式＝多个

指定基点或［位移（D）/模式（O）］＜位移＞：指定第二个点或＜使用第一个点作为位移＞：

指定第二个点或［退出（E）/放弃（U）］＜退出＞：

指定第二个点或［退出（E）/放弃（U）］＜退出＞：

指定第二个点或［退出（E）/放弃（U）］＜退出＞：

指定第二个点或［退出（E）/放弃（U）］＜退出＞：

指定第二个点或［退出（E）/放弃（U）］＜退出＞：

指定第二个点或［退出（E）/放弃（U）］＜退出＞：

指定第二个点或［退出（E）/放弃（U）］＜退出＞：

指定第二个点或［退出（E）/放弃（U）］＜退出＞：

命令：ed DDEDIT   （修改文字）

选择注释对象或［放弃（U）］：

选择注释对象或［放弃（U）］：

选择注释对象或［放弃（U）］：

选择注释对象或［放弃（U）］：

选择注释对象或［放弃（U）］：

选择注释对象或［放弃（U）］：

选择注释对象或［放弃（U）］：

选择注释对象或［放弃（U）］：

选择注释对象或［放弃（U）］：

齿轮		材料	40Cr	比例	
		数量		图号	
制图		校名			
制图					

图 6.16　标题栏

命令：t MTEXT 当前文字样式："Standard"文字高度：2.5 注释性：否

指定第一角点：

指定对角点或［高度（H）/对正（J）/行距（L）/旋转（R）/样式（S）/宽度（W）/栏（C）］：

需要二维角点或选项关键字。

　　注写技术要求如图 6.9 所示。

第7章 园林工程图

园林工程图是在掌握园林艺术理论、设计原理、有关工程技术及制图基本知识的基础上所绘制的专业图纸，它可以表达园林设计人员的思想和要求，是生产施工与管理的技术文件。本章只简单介绍较常用的园林设计平面图和园林植物种植设计图的实操技术。学习过程中要特别注意掌握通用图例的表达、绘制方法及制图规范，多看不同类型的园林工程图。

7.1 游园设计

园林设计平面图是表现规划范围内的各种造园要素（如地形、山石、水体、建筑及植物等）布局位置的水平投影图，它是反映园林工程总体设计意图的主要图纸，也是绘制其他图纸及造园施工的依据。图 7.1 所示为某游园设计平面图。

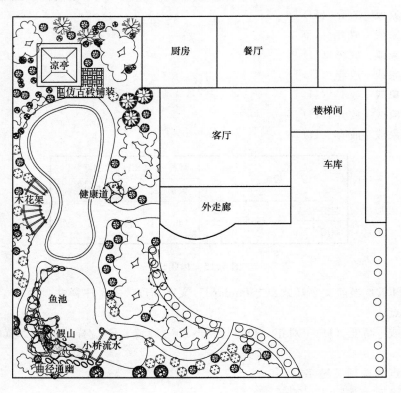

图 7.1　某游园设计平面图

　　了解园林设计平面图的内容、布置、作图方法与其他图样有什么不同。根据园林平面图所包含的内容，可选定 A3 图幅，用 1∶100 比例绘制。

7.1.1　设置绘图环境

　　界限设置：从"格式"下拉菜单中选取"图形界限"命令，假定以 A3 图纸出图，因此将 A3 的图形范围放大 100 倍，图形界限设置为 42000mm×29700mm。

　　单位制与精度：从"格式"下拉菜单中选取"单位…"命令，选择小数（Decimal）精度（Precision）为 0（取整数）。

　　图层设置：线型比例系数 LTSCALE 取值为 100。

　　文字样式：字体采用仿宋体，常规字体样式，不固定字高，宽度系数可定为 0.707，其他为默认值。

7.1.2　绘制园林设计平面图

　　1. 绘制轮廓线

　　绘制建筑轮廓。在建筑层，使用直线、圆弧、偏移和修剪命令，绘制出建筑轮廓图，如图 7.2 所示。

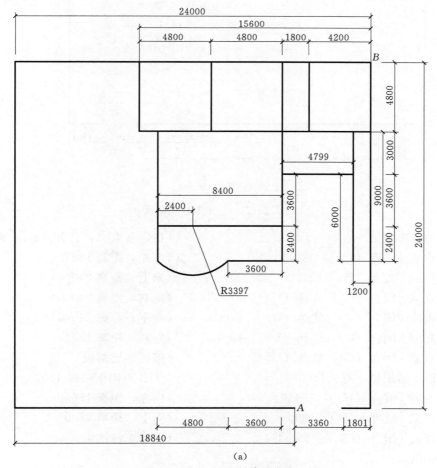

(a)

图 7.2（一）　绘制建筑轮廓

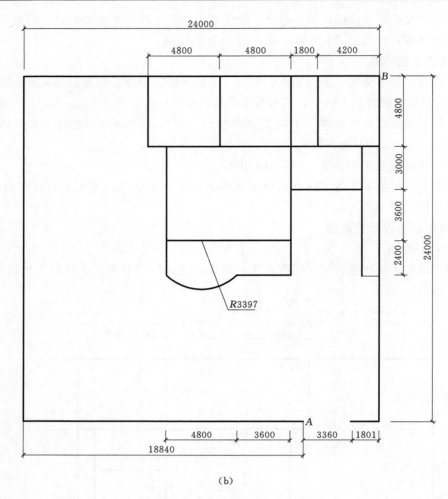

(b)

图 7.2（二）　绘制建筑轮廓

命令：_line 指定第一点：	（指定基点 A，打开 [F8] 模式）
指定下一点或 [放弃（U）]：18840	（向左，距离 18840）
指定下一点或 [放弃（U）]：24000	（向上，距离 24000）
指定下一点或 [闭合（C）/放弃（U）]：24000	（向右，距离 24000）
指定下一点或 [闭合（C）/放弃（U）]：24000	（向下，距离 24000）
指定下一点或 [闭合（C）/放弃（U）]：1801	（向左，距离 1801）
指定下一点或 [闭合（C）/放弃（U）]：	（按回车键结束）
命令：_line 指定第一点：4800	（从 B 点向下追踪 4800）
指定下一点或 [放弃（U）]：15600	（向左，距离 15600）
指定下一点或 [放弃（U）]：4800	（向上，距离 4800）
指定下一点或 [闭合（C）/放弃（U）]：	（按回车键结束）
命令：_copy	（复制）
选择对象：找到 1 个	（选择向上且距离为 4800 的线段）

选择对象： (按回车键)

当前设置：复制模式＝多个

指定基点或［位移（D）/模式（O）］＜位移＞：

指定第二个点或［阵列（A）］＜使用第一个点作为位移＞：4800 (距离 4800)

指定第二个点或［阵列（A）/退出（E）/放弃（U）］＜退出＞：9600（距离 9600）

指定第二个点或［阵列（A）/退出（E）/放弃（U）］＜退出＞：＊取消＊

命令：_ offset

当前设置：删除源＝否 图层＝源 OFFSETGAPTYPE＝0

指定偏移距离或［通过（T）/删除（E）/图层（L）］＜4800.0000＞：1800 (距离 1800)

选择要偏移的对象，或［退出（E）/放弃（U）］＜退出＞：

指定要偏移的那一侧上的点，或［退出（E）/多个（M）/放弃（U）］＜退出＞：

选择要偏移的对象，或［退出（E）/放弃（U）］＜退出＞：

命令：l LINE 指定第一点：9000 (向下追踪 9000)

指定下一点或［放弃（U）］：1200 (向左，距离 1200)

指定下一点或［放弃（U）］：6000 (向上，距离 6000)

指定下一点或［闭合（C）/放弃（U）］：4800 (向左，距离 4800)

指定下一点或［闭合（C）/放弃（U）］：6000 (向下，距离 6000)

指定下一点或［闭合（C）/放弃（U）］：8400 (向左，距离 8400)

指定下一点或［闭合（C）/放弃（U）］：9000 (向上，距离 9000)

指定下一点或［闭合（C）/放弃（U）］： (按回车键)

命令：o OFFSET

当前设置：删除源＝否 图层＝源 OFFSETGAPTYPE＝0

指定偏移距离或［通过（T）/删除（E）/图层（L）］＜通过＞：2400

  (向上偏移 2400)

选择要偏移的对象，或［退出（E）/放弃（U）］＜退出＞：

指定要偏移的那一侧上的点，或［退出（E）/多个（M）/放弃（U）］＜退出＞：

选择要偏移的对象，或［退出（E）/放弃（U）］＜退出＞：

命令：c CIRCLE 指定圆的圆心或［三点（3P）/两点（2P）/切点、切点、半径（T）］：2400

  (向左追踪 2400)

指定圆的半径或［直径（D）］：3397 (半径 3397)

命令：tr TRIM (修剪多余线)

当前设置：投影＝UCS，边＝无

选择剪切边 ...

选择对象或＜全部选择＞：找到 1 个

选择对象：找到 1 个，总计 2 个

选择要修剪的对象，或按住 Shift 键选择要延伸的对象，或

［栏选（F）/窗交（C）/投影（P）/边（E）/删除（R）/放弃（U）］：

　　　　　　　　　　　　　　　　　　　　　　　（修剪多余直线）

选择要修剪的对象，或按住 Shift 键选择要延伸的对象，或

［栏选（F）/窗交（C）/投影（P）/边（E）/删除（R）/放弃（U）］：

　　　　　　　　　　　　　　　　　　　　　　　（修剪多余圆弧）

选择要修剪的对象，或按住 Shift 键选择要延伸的对象，或

［栏选（F）/窗交（C）/投影（P）/边（E）/删除（R）/放弃（U）］：

　　　　　　　　　　　　　　　　　　　　　　　（按回车键确认）

　　2. 绘制道路

　　　在道路层，运用样条线及椭圆命令绘制道路。用样条线绘制道路前，可先用点命令确定道路形状，然后用样条线捕捉点完成，如图 7.3 所示。

命令：_ spline　　　　　　　　　　　　　　　（用样条曲线命令绘制道路等非

　　　　　　　　　　　　　　　　　　　　　　　圆曲线）

当前设置：方式＝拟合 节点＝弦

指定第一个点或［方式（M）/节点（K）/对象（O）］：　（选择起点）

输入下一个点或［起点切向（T）/公差（L）］：　　　（按设计意图连续选点）

输入下一个点或［端点相切（T）/公差（L）/放弃（U）］：

输入下一个点或［端点相切（T）/公差（L）/放弃（U）/闭合（C）］：

输入下一个点或［端点相切（T）/公差（L）/放弃（U）/闭合（C）］：

……

输入下一个点或［端点相切（T）/公差（L）/放弃（U）/闭合（C）］：

输入下一个点或［端点相切（T）/公差（L）/放弃（U）/闭合（C）］：

　　　　　　　　　　　　　　　　　　　　　　　（按回车键结束）

＊＊拉伸＊＊　　　　　　　　　　　　　　　　　（选中曲线夹点编辑）

指定拉伸点或［基点（B）/复制（C）/放弃（U）/退出（X）］：

命令：

＊＊拉伸＊＊

指定拉伸点或［基点（B）/复制（C）/放弃（U）/退出（X）］：

命令：

＊＊拉伸＊＊

指定拉伸点或［基点（B）/复制（C）/放弃（U）/退出（X）］：

……

命令：

＊＊拉伸＊＊

指定拉伸点或［基点（B）/复制（C）/放弃（U）/退出（X）］：

命令：＊取消＊　　　　　　　　　　　　　　　　（按 Esc 键结束）

命令：el ELLIPSE　　　　　　　　　　　　　　　（椭圆绘制）

指定椭圆的轴端点或［圆弧（A）/中心点（C）］：

指定轴的另一个端点：430　　　　　　　　　　　（输入长轴 430）

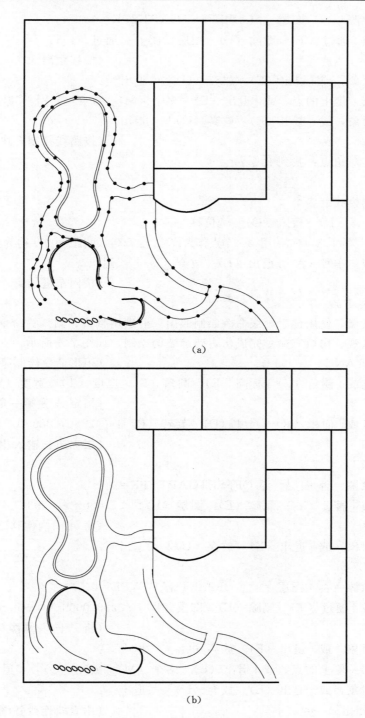

(a)

(b)

图 7.3　绘制道路

指定另一条半轴长度或［旋转（R）］：125　　　　　　（输入 1/2 短轴 125）

命令：o OFFSET　　　　　　　　　　　　　　　　　　（偏移椭圆形石块）

当前设置：删除源＝否　图层＝源　OFFSETGAPTYPE＝0

指定偏移距离或［通过（T）/删除（E）/图层（L）］＜通过＞：30

　　　　　　　　　　　　　　　　　　　　（偏移距离 30）

选择要偏移的对象，或［退出（E）/放弃（U）］＜退出＞：

指定要偏移的那一侧上的点，或［退出（E）/多个（M）/放弃（U）］＜退出＞：

选择要偏移的对象，或［退出（E）/放弃（U）］＜退出＞：

命令：co COPY　　　　　　　　　　　　　　　（按路线复制石块）

选择对象：指定对角点：找到 2 个

选择对象：

当前设置：复制模式＝多个

指定基点或［位移（D）/模式（O）］＜位移＞：

指定第二个点或［阵列(A)］＜使用第一个点作为位移＞：500　（间距 500，约为步长）

指定第二个点或［阵列（A）/退出（E）/放弃（U）］＜退出＞：

……　　　　　　　　　　　　　　　　　　（按回车键结束）

　　3. 绘制景观小品

　　在景观小品层，使用徒手画线命令绘制假山。分别用直线、圆弧等命令绘制凉亭、木花架、小桥等景观。用填充命令完成仿古砖铺装的绘制，如图 7.4 所示。

命令：rec RECTANG　　　　　　　　　　　　　（矩形命令绘制亭）

指定第一个角点或［倒角（C）/标高（E）/圆角（F）/厚度（T）/宽度（W）］：

　　　　　　　　　　　　　　　　　　　　（指定 A 为第一角点）

指定另一个角点或［面积（A）/尺寸（D）/旋转（R）］：@2880，2880

　　　　　　　　　　　　　　　　　　　　（根据边长输入相对坐标）

命令：o OFFSET

当前设置：删除源＝否 图层＝源 OFFSETGAPTYPE＝0

指定偏移距离或［通过（T）/删除（E）/图层（L）］＜7.0000＞：293

　　　　　　　　　　　　　　　　　　　　（将 A 向内偏移 293）

选择要偏移的对象，或［退出（E）/放弃（U）］＜退出＞：

命令：o OFFSET

当前设置：删除源＝否　图层＝源　OFFSETGAPTYPE＝0

指定偏移距离或［通过（T）/删除（E）/图层（L）］＜293.0000＞：948.5

　　　　　　　　　　　　　　　　　　　　（将 A 向内偏移 948.5）

选择要偏移的对象，或［退出（E）/放弃（U）］＜退出＞：

指定要偏移的那一侧上的点，或［退出（E）/多个（M）/放弃（U）］＜退出＞：

选择要偏移的对象，或［退出（E）/放弃（U）］＜退出＞：

命令：l LINE 指定第一点：　　　　　　　　　　（用直线连接各端点）

指定下一点或［放弃（U）］：　　　　　　　　　（捕捉矩形角顶点）

指定下一点或［放弃（U）］：　　　　　　　　　（捕捉矩形角顶点）

命令：LINE 指定第一点：

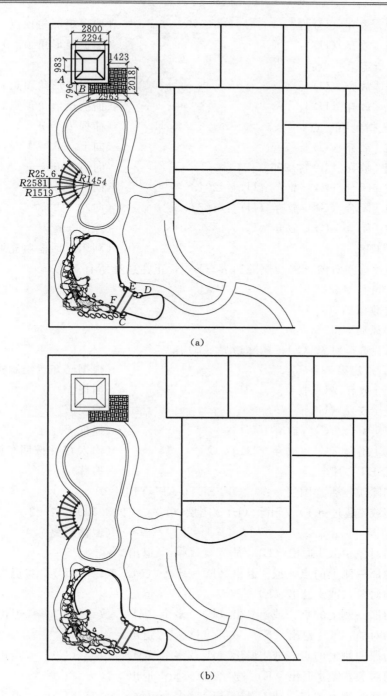

图 7.4　绘制景观小品

指定下一点或［放弃（U）］：　　　　　　　　　　　（捕捉矩形角顶点）
指定下一点或［放弃（U）］：　　　　　　　　　　　（捕捉矩形角顶点）
命令：LINE 指定第一点：

指定下一点或［放弃（U）］：   （捕捉矩形角顶点）

指定下一点或［放弃（U）］：   （捕捉矩形角顶点）

命令：LINE 指定第一点：

指定下一点或［放弃（U）］：   （捕捉矩形角顶点）

指定下一点或［放弃（U）］：   （捕捉矩形角顶点，按回车键）

命令：l LINE 指定第一点：   （捕捉 *B* 点）

指定下一点或［放弃（U）］：796   （向下 796）

指定下一点或［放弃（U）］：2963   （向右 2963）

指定下一点或［闭合（C）/放弃（U）］：2018   （向上 2018）

指定下一点或［闭合（C）/放弃（U）］：1423   （向左 1423）

指定下一点或［闭合（C）/放弃（U）］：   （按回车键）

命令：h HATCH   （利用对话框填充地板砖）

拾取内部点或［选择对象（S）/删除边界（B）］：正在选择所有对象...

正在选择所有可见对象...

正在分析所选数据...

正在分析内部孤岛...

拾取内部点或［选择对象（S）/删除边界（B）］：

命令：l LINE 指定第一点：   （根据已知点绘制桥，捕捉 *C*）

指定下一点或［放弃（U）］：   （捕捉 *D*）

指定下一点或［放弃（U）］：   （捕捉 *E*）

指定下一点或［闭合（C）/放弃（U）］：   （捕捉 *F*）

指定下一点或［闭合（C）/放弃（U）］：*C*   （输入 *C* 并按回车键）

命令：o OFFSET   （偏移）

当前设置：删除源＝否   图层＝源   OFFSETGAPTYPE＝0

指定偏移距离或［通过（T）/删除（E）/图层（L）］＜948.5000＞：72

                                                    （偏移距离 72）

选择要偏移的对象，或［退出（E）/放弃（U）］＜退出＞：

指定要偏移的那一侧上的点，或［退出（E）/多个（M）/放弃（U）］＜退出＞：

选择要偏移的对象，或［退出（E）/放弃（U）］＜退出＞：

指定要偏移的那一侧上的点，或［退出（E）/多个（M）/放弃（U）］＜退出＞：

选择要偏移的对象，或［退出（E）/放弃（U）］＜退出＞：

指定要偏移的那一侧上的点，或［退出（E）/多个（M）/放弃（U）］＜退出＞：

选择要偏移的对象，或［退出（E）/放弃（U）］＜退出＞：

指定要偏移的那一侧上的点，或［退出（E）/多个（M）/放弃（U）］＜退出＞：

选择要偏移的对象，或［退出（E）/放弃（U）］＜退出＞：

命令：c CIRCLE 指定圆的圆心或［三点（3P）/两点（2P）/切点、切点、半径（T）］：

                                                    （绘制紫藤架，圆心 *O*）

指定圆的半径或［直径（D）］＜100.0000＞：1454   （半径 1454）

命令：CIRCLE 指定圆的圆心或［三点（3P）/两点（2P）/切点、切点、半径（T）］： （圆心 O）

指定圆的半径或［直径（D）］＜1454.0000＞：1519 （半径 1519）

命令：CIRCLE 指定圆的圆心或［三点（3P）/两点（2P）/切点、切点、半径（T）］： （圆心 O）

指定圆的半径或［直径（D）］＜1519.0000＞：2516 （半径 2516）

命令：CIRCLE 指定圆的圆心或［三点（3P）/两点（2P）/切点、切点、半径（T）］： （圆心 O）

指定圆的半径或［直径（D）］＜2516.0000＞：2581 （半径 2581）

命令：l LINE 指定第一点： （由圆心向圆周画线）

指定下一点或［放弃（U）］：

命令：o OFFSET

当前设置：删除源＝否 图层＝源 OFFSETGAPTYPE＝0

指定偏移距离或［通过（T）/删除（E）/图层（L）］＜72.0000＞：72

（偏移距离 72）

选择要偏移的对象，或［退出（E）/放弃（U）］＜退出＞：

指定要偏移的那一侧上的点，或［退出（E）/多个（M）/放弃（U）］＜退出＞：

选择要偏移的对象，或［退出（E）/放弃（U）］＜退出＞：

命令：l LINE 指定第一点： （直线封口）

指定下一点或［放弃（U）］：

指定下一点或［放弃（U）］：

命令：l LINE 指定第一点： （直线封口）

指定下一点或［放弃（U）］：

指定下一点或［放弃（U）］：

命令：tr TRIM （修剪多余线）

当前设置：投影＝UCS，边＝无

选择剪切边 …

选择对象或＜全部选择＞：指定对角点：找到 3 个

选择对象：

选择要修剪的对象，或按住 Shift 键选择要延伸的对象，或

［栏选（F）/窗交（C）/投影（P）/边（E）/删除（R）/放弃（U）］：

……

选择要修剪的对象，或按住 Shift 键选择要延伸的对象，或

［栏选（F）/窗交（C）/投影（P）/边（E）/删除（R）/放弃（U）］：

（按回车键）

命令：ARRAY （阵列）

选择对象：指定对角点：找到 4 个

选择对象：输入阵列类型［矩形（R）/路径（PA）/极轴（PO）］＜矩形＞：po

（极轴）

类型＝极轴　关联＝是

指定阵列的中心点或［基点（B）/旋转轴（A）］：　　　（中心点 O）

输入项目数或［项目间角度（A）/表达式（E）］＜4＞：9（项目数 9）

指定填充角度（＋＝逆时针、－＝顺时针）或［表达式（EX）］＜360＞：

（用鼠标选择）

按 Enter 键接受或［关联（AS）/基点（B）/项目（I）/项目间角度（A）/填充角度（F）/行（ROW）/层（L）/旋转项目（ROT）/退出（X）］

＜退出＞：　　　　　　　　　　　　　　　　　　　（按回车键）

命令：pl PLINE　　　　　　　　　　　　　　　　（多段线绘制假山）

指定起点：

当前线宽为 0.0000

指定下一个点或［圆弧（A）/半宽（H）/长度（L）/放弃（U）/宽度（W）］：

指定下一点或［圆弧（A）/闭合（C）/半宽（H）/长度（L）/放弃（U）/宽度（W）］：

……

指定下一点或［圆弧（A）/闭合（C）/半宽（H）/长度（L）/放弃（U）/宽度（W）］：

指定下一点或［圆弧（A）/闭合（C）/半宽（H）/长度（L）/放弃（U）/宽度（W）］：c

4. 配置植物

在绿化层，使用图块插入、点、直线或徒手画线命令完成植物的配置，如图 7.5 所示。

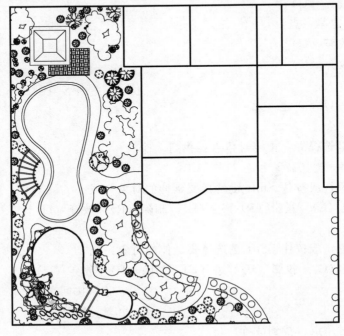

图 7.5　配置植物

命令：pl PLINE　　　　　　　　　（多段线绘制草坪轮廓）

指定起点：

当前线宽为 0.0000

指定下一个点或［圆弧（A）/半宽（H）/长度（L）/放弃（U）/宽度（W）］：

指定下一点或［圆弧（A）/闭合（C）/半宽（H）/长度（L）/放弃（U）/宽度（W）］：

……

指定下一点或［圆弧（A）/闭合（C）/半宽（H）/长度（L）/放弃（U）/宽度（W）］：

指定下一点或［圆弧（A）/闭合（C）/半宽（H）/长度（L）/放弃（U）/宽度（W）］：c

命令：co COPY　　　　　　　　　（从绿化植物图例中调用佛肚竹）

选择对象：指定对角点：找到 1 个

选择对象：

当前设置：复制模式＝多个

指定基点或［位移（D）/模式（O）］＜位移＞：

指定第二个点或［阵列（A）］＜使用第一个点作为位移＞：

……

指定第二个点或［阵列（A）/退出（E）/放弃（U）］＜退出＞：　　　（连续复制）

指定第二个点或［阵列（A）/退出（E）/放弃（U）］＜退出＞：

　　用同样的方法作出国槐、橡胶榕、铁刀木等植物。

　　标注文字：在标注层，使用多行文字命令标注文字。标注文字可在标注一组后用复制命令，然后用粘贴命令在所有需标注文字的位置粘贴文字，最后用编辑多行文字命令修改文字完成文字标注，如图 7.1 所示。

7.2　校园绿化

　　校园绿化不仅可以美化校园，而且可以为学生营造更好的学习环境，使教学始终处于温馨的氛围之中，把学校建成园林式校园是每所学校和大家都梦寐以求的向往。要建设一所美丽的园林式学校，就要重视绿化工程，要做好绿化工程就得有较好的绿化设计方案。图 7.6 就是对某校园绿化的设计与绘图的研究。

7.2.1　校园平面图

　1. 绘制主要道路

　　先在道路层用直线 LINE 命令绘制道路轴线，再用多线 ML 命令绘制道路轮廓。道路轮廓也可先用矩形命令绘制，在用偏移命令完成，如图 7.7 所示。

命令：rec RECTANG　　　　　（绘制长 180 宽 200 的矩形作为图框）

指定第一个角点或［倒角（C）/标高（E）/圆角（F）/厚度（T）/宽度（W）］：0,0

指定另一个角点或［面积（A）/尺寸（D）/旋转（R）］：180,200

命令：l LINE 指定第一点：　　　（用点画线将图框上下中点连接作为轴线）

指定下一点或［放弃（U）］：

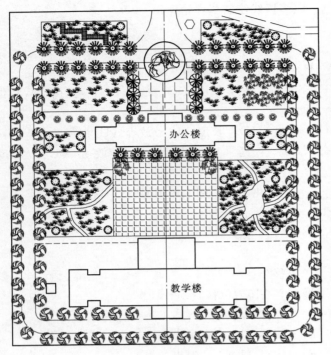

图 7.6　校园绿化设计

指定下一点或［放弃（U）］：

命令：rec RECTANG

　　（距原点长度 5.5、宽度 7 为起点绘制 169×170 圆角矩形为道路外轮廓）

指定第一个角点或［倒角（C）/标高（E）/圆角（F）/厚度（T）/宽度（W）］：f

指定矩形的圆角半径＜0.0000＞：13

指定第一个角点或［倒角（C）/标高（E）/圆角（F）/厚度（T）/宽度（W）］：5.5，7

指定另一个角点或［面积（A）/尺寸（D）/旋转（R）］：@169，170

命令：O OFFSET

　　（将外轮廓线向内偏移 8）

当前设置：删除源＝否 图层＝源 OFFSETGAPTYPE＝0

指定偏移距离或［通过（T）/删除（E）/图层（L）］＜8.0000＞：8

选择要偏移的对象，或［退出（E）/放弃（U）］＜退出＞：

指定要偏移的那一侧上的点，或［退出（E）/多个（M）/放弃（U）］＜退出＞：

选择要偏移的对象，或［退出（E）/放弃（U）］＜退出＞：

命令：l LINE 指定第一点：41　（对 A 点向上追踪 41，向左绘制至道路轮廓）

指定下一点或［放弃（U）］：

指定下一点或［放弃（U）］：

命令：o OFFSET　　　　　　　　　　　　　　　（将轮廓线向上偏移 4）

当前设置：删除源＝否 图层＝源 OFFSETGAPTYPE＝0

指定偏移距离或［通过（T）/删除（E）/图层（L）］＜8.0000＞：4

选择要偏移的对象，或［退出（E）/放弃（U）］＜退出＞：

指定要偏移的那一侧上的点，或［退出（E）/多个（M）/放弃（U）］＜退出＞：

选择要偏移的对象，或［退出（E）/放弃（U）］＜退出＞：

命令：pl PLINE

指定起点：11　　　　　　　　　　　　　　　（从图框右上角向下追踪 11）

当前线宽为 0.0000

指定下一个点或［圆弧（A）/半宽（H）/长度（L）/放弃（U）/宽度（W）］：18

　　　　　　　　　　　　　　　　　　　　　　　　（向左 18）

指定下一点或［圆弧（A）/闭合（C）/半宽（H）/长度（L）/放弃（U）/宽度（W）］：
@−37，11　　　　　　　　　　　　　　　　　（相对坐标绘制斜线）

指定下一点或［圆弧（A）/闭合（C）/半宽（H）/长度（L）/放弃（U）/宽度（W）］：

命令：o OFFSET　　　　　　　　　　　　　　　（将轮廓线向下偏移4）

当前设置：删除源＝否 图层＝源 OFFSETGAPTYPE＝0

指定偏移距离或［通过（T）/删除（E）/图层（L）］＜8.0000＞：4

选择要偏移的对象，或［退出（E）/放弃（U）］＜退出＞：

指定要偏移的那一侧上的点，或［退出（E）/多个（M）/放弃（U）］＜退出＞：

选择要偏移的对象，或［退出（E）/放弃（U）］＜退出＞：

命令：a ARC 指定圆弧的起点或［圆心（C）］：7　　　（B 点向右追踪7）

指定圆弧的第二个点或［圆心（C）/端点（E）］：e

指定圆弧的端点：21　　　　　　　　　　　　　（C 点向右追踪21）

指定圆弧的圆心或［角度（A）/方向（D）/半径（R）］：r 指定圆弧的半径：27
　　　　　　　　　　　　　　　　　　　　　　（半径27）

命令：mi MIRROR　　　　　　　　　　　　　（以轴线为镜像线将圆弧镜像）

选择对象：找到 1 个

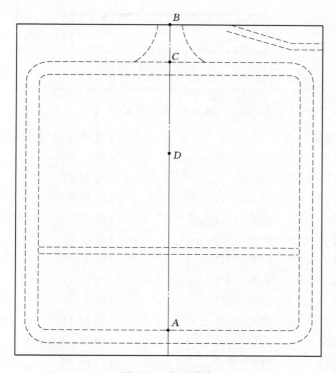

图 7.7　主要道路

选择对象：指定镜像线的第一点：指定镜像线的第二点：

要删除源对象吗？［是（Y）/否（N）］＜N＞：

2. 绘制主要建筑

可用直线 LINE 命令绘制建筑物轮廓，也可用多段线 PLINE 命令绘制建筑物轮廓，如图 7.8 所示。

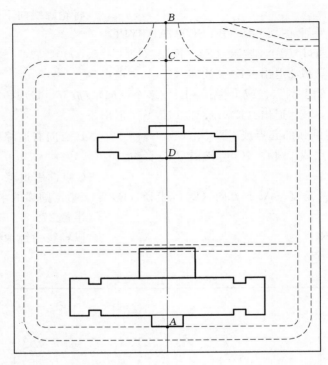

图 7.8　主要建筑

命令：l LINE 指定第一点：	（直线以 A 为起点）
指定下一点或［放弃（U）］：9	（向左 9）
指定下一点或［放弃（U）］：8	（向上 8）
指定下一点或［闭合（C）/放弃（U）］：30	（向左 30）
指定下一点或［闭合（C）/放弃（U）］：3	（向上 3）
指定下一点或［闭合（C）/放弃（U）］：7	（向左 7）
指定下一点或［闭合（C）/放弃（U）］：3	（向下 3）
指定下一点或［闭合（C）/放弃（U）］：11	（向左 11）
指定下一点或［闭合（C）/放弃（U）］：22	（向上 22）
指定下一点或［闭合（C）/放弃（U）］：11	（向右 11）
指定下一点或［闭合（C）/放弃（U）］：3	（向下 3）
指定下一点或［闭合（C）/放弃（U）］：7	（向右 7）
指定下一点或［闭合（C）/放弃（U）］：3	（向上 3）
指定下一点或［闭合（C）/放弃（U）］：22.5	（向右 22.5）
指定下一点或［闭合（C）/放弃（U）］：18	（向上 18）
指定下一点或［闭合（C）/放弃（U）］：16.5	（向右 16.5）

指定下一点或〔闭合（C）/放弃（U）〕：	（按回车键）
命令：l LINE 指定第一点：	（直线以 D 为起点）
指定下一点或〔放弃（U）〕：28.5	（向左 28.5）
指定下一点或〔放弃（U）〕：4	（向上 4）
指定下一点或〔闭合（C）/放弃（U）〕：12	（向左 12）
指定下一点或〔闭合（C）/放弃（U）〕：9	（向上 9）
指定下一点或〔闭合（C）/放弃（U）〕：12	（向右 12）
指定下一点或〔闭合（C）/放弃（U）〕：2	（向上 2）
指定下一点或〔闭合（C）/放弃（U）〕：18.5	（向右 18.5）
指定下一点或〔闭合（C）/放弃（U）〕：5	（向上 5）
指定下一点或〔闭合（C）/放弃（U）〕：10	（向右 10）
指定下一点或〔闭合（C）/放弃（U）〕：	（按回车键）
命令：mi MIRROR	（以轴线为镜像线将左侧轮廓镜像）

选择对象：找到 1 个

选择对象：指定镜像线的第一点：指定镜像线的第二点：

要删除源对象吗？〔是（Y）/否（N）〕＜N＞：

| 命令：l LINE 指定第一点： | （用直线连接缺少轮廓线） |

指定下一点或〔放弃（U）〕：

指定下一点或〔放弃（U）〕：

命令：LINE 指定第一点：

指定下一点或〔放弃（U）〕：

指定下一点或〔放弃（U）〕：

命令：LINE 指定第一点：

指定下一点或〔放弃（U）〕：

指定下一点或〔放弃（U）〕：

7.2.2 景观小品

1. 绘制凉亭、花架

在景观小品层，分别用矩形、直线、圆弧等命令绘制凉亭、花架等景观，如图 7.9 所示。

| 命令：pol POLYGON 输入侧面数＜4＞：6 | （绘制半径 3 的正六边形） |

指定正多边形的中心点或〔边（E）〕：

输入选项〔内接于圆（I）/外切于圆（C）〕＜I＞：I

指定圆的半径：3

| 命令：rec RECTANG | （绘制边长为 5 的正方形） |

指定第一个角点或〔倒角（C）/标高（E）/圆角（F）/厚度（T）/宽度（W）〕：

指定另一个角点或〔面积（A）/尺寸（D）/旋转（R）〕：@5，5

| 命令：rec RECTANG | （绘制矩形） |

指定第一个角点或〔倒角（C）/标高（E）/圆角（F）/厚度（T）/宽度（W）〕：

指定另一个角点或［面积（A）/尺寸（D）/旋转（R）］：@3，0.5

命令：co COPY （连续复制，并用旋转、移动和阵列
完成花架绘制）

选择对象：指定对角点：找到 1 个

选择对象：

当前设置：复制模式＝多个

指定基点或［位移（D）/模式（O）］＜位移＞：指定第二个点或＜使用第一个点作为位移＞：

指定第二个点或［退出（E）/放弃（U）］＜退出＞：

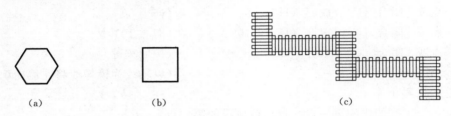

(a)　　　　　　　　(b)　　　　　　　　　　　　(c)

图 7.9　凉亭和花架

2. 绘制假山、莲池

在景观小品层，使用样条曲线命令分别绘制假山、莲池等景观，如图 7.10 所示。

命令：c CIRCLE 指定圆的圆心或［三点（3P）/两点（2P）/切点、切点、半径（T）］：

指定圆的半径或［直径（D）］＜63.4128＞：12 （绘制半径为 12 的圆）

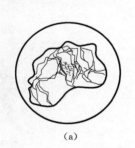

命令：_ spline （用样条曲线绘制假山）

当前设置：方式＝拟合　节点＝弦

指定第一个点或［方式（M）/节点（K）/对象（O）］：

输入下一个点或［起点切向（T）/公差（L）］：

输入下一个点或［端点相切（T）/公差（L）/放弃（U）］：

……

(a)　　　　　　　　(b)

图 7.10　假山和莲池

输入下一个点或［端点相切（T）/公差（L）/放弃（U）/闭合（C）］：c

命令：_ spline （用样条曲线绘制莲池）

当前设置：方式＝拟合　节点＝弦

指定第一个点或［方式（M）/节点（K）/对象（O）］：

输入下一个点或［起点切向（T）/公差（L）］：

输入下一个点或［端点相切（T）/公差（L）/放弃（U）］：

……

输入下一个点或［端点相切（T）/公差（L）/放弃（U）/闭合（C）］：c

7.2.3 地板与小路

1. 绘制地板砖

在建筑物前后广场，用填充命令完成各种材料的地板砖铺装，如图7.11所示。

命令：_ rectang　　　　　　　　　　　　　　（绘制矩形）

指定第一个角点或［倒角（C）/标高（E）/圆角（F）/厚度（T）/宽度（W）］：

指定另一个角点或［面积（A）/尺寸（D）/旋转（R）］：

命令：h HATCH　　　　　　　　　　　　　　（填充地板）

拾取内部点或［选择对象（S）/删除边界（B）］：正在选择所有对象……

正在选择所有可见对象……

正在分析所选数据……

正在分析内部孤岛……

拾取内部点或［选择对象（S）/删除边界（B）］：

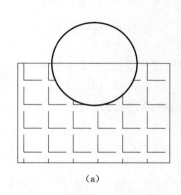　　　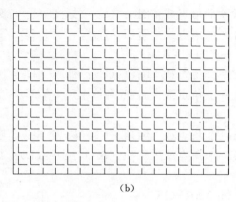

（a）　　　　　　　　　　　　　　　　（b）

图7.11　各种地板

2. 绘制园林小路

使用样条曲线命令分别绘制小路等，如图7.12所示。

命令：_ spline　　　　　　　　　　　　　　（用样条曲线画路）

当前设置：方式＝拟合　节点＝弦

指定第一个点或［方式（M）/节点（K）/对象（O）］：

输入下一个点或［起点切向（T）/公差（L）］：

输入下一个点或［端点相切（T）/公差（L）/放弃（U）］：

输入下一个点或［端点相切（T）/公差
（L）/放弃（U）/闭合（C）］：

输入下一个点或［端点相切（T）/公差
（L）/放弃（U）/闭合（C）］：

输入下一个点或［端点相切（T）/公差
（L）/放弃（U）/闭合（C）］：

命令：o OFFSET　　　　　（偏移2）

当前设置：删除源＝否 图层＝源 OFF-

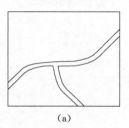　　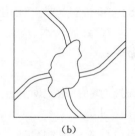

（a）　　　　　　　　（b）

图7.12　园林小路

SETGAPTYPE＝0

指定偏移距离或［通过（T）/删除（E）/图层（L）］＜通过＞：2

选择要偏移的对象，或［退出（E）/放弃（U）］＜退出＞：

指定要偏移的那一侧上的点，或［退出（E）/多个（M）/放弃（U）］＜退出＞：

选择要偏移的对象，或［退出（E）/放弃（U）］＜退出＞：

7.2.4　配置植物

配置植物：在绿化层，使用图块插入、点、直线或徒手画线命令完成植物的配置，如图 7.6 所示。

命令：rec RECTANG　　　　　　　　　　　　　　　（绘制绿化边界）

指定第一个角点或［倒角（C）/标高（E）/圆角（F）/厚度（T）/宽度（W）］：

指定另一个角点或［面积（A）/尺寸（D）/旋转（R）］：@50，15（长 50 宽 15）

命令：rec RECTANG　　　　　　　　　　　　　　　（绘制绿化边界）

指定第一个角点或［倒角（C）/标高（E）/圆角（F）/厚度（T）/宽度（W）］：

指定另一个角点或［面积（A）/尺寸（D）/旋转（R）］：@50，25（长 50 宽 25）

命令：rec RECTANG　　　　　　　　　　　　　　　（绘制绿化边界）

指定第一个角点或［倒角（C）/标高（E）/圆角（F）/厚度（T）/宽度（W）］：

指定另一个角点或［面积（A）/尺寸（D）/旋转（R）］：@24，12（长 24 宽 12）

命令：rec RECTANG　　　　　　　　　　　　　　　（绘制绿化边界）

指定第一个角点或［倒角（C）/标高（E）/圆角（F）/厚度（T）/宽度（W）］：

指定另一个角点或［面积（A）/尺寸（D）/旋转（R）］：@46，40

　　　　　　　　　　　　　　　　　　　　　　　（长 46 宽 40）

命令：mi MIRROR　　　　　　　　　　　　　（以轴线为镜像线将图形镜像）

选择对象：

选择对象：指定镜像线的第一点：指定镜像线的第二点：

要删除源对象吗？［是（Y）/否（N）］＜N＞：

命令：s STRETCH　　　　　　　　　　　　　　（将右侧矩形向上拉伸 5）

以交叉窗口或交叉多边形选择要拉伸的对象 ...

选择对象：指定对角点：

选择对象：

指定基点或［位移（D）］＜位移＞：

指定第二个点或＜使用第一个点作为位移＞：5

　　1. 配置树木

命令：co COPY　　　　　　　　　　　　　（选择圆柏图例，沿假山左右道路布置）

选择对象：指定对角点：找到 2 个

选择对象：

当前设置：复制模式＝多个

指定基点或［位移（D）/模式（O）］＜位移＞：

指定第二个点或［阵列（A）］＜使用第一个点作为位移＞：

指定第二个点或［阵列（A）/退出（E）/放弃（U）］＜退出＞：

命令：mi MIRROR   （用镜像命令完成）

选择对象：指定对角点：找到 12 个

选择对象：指定镜像线的第一点：指定镜像线的第二点：

要删除源对象吗？［是（Y）/否（N）］＜N＞：

插入南洋杉、刺桐和幌伞枫，方法同上。

　　2. 配置花木

命令：co COPY   （选择龙柏球，插入绿化带）

选择对象：指定对角点：找到 2 个

选择对象：

当前设置：复制模式＝多个

指定基点或［位移（D）/模式（O）］＜位移＞：

指定第二个点或［阵列（A）］＜使用第一个点作为位移＞：

指定第二个点或［阵列（A）/退出（E）/放弃（U）］＜退出＞：

插入粉单竹，方法同龙柏球。

　　3. 配置草坪

命令：co COPY   （选择草，插入草坪）

选择对象：指定对角点：找到 2 个

选择对象：

当前设置：复制模式＝多个

指定基点或［位移（D）/模式（O）］＜位移＞：

指定第二个点或［阵列（A）］＜使用第一个点作为位移＞：

指定第二个点或［阵列（A）/退出（E）/放弃（U）］＜退出＞：

第8章 钢 筋 图

配有钢筋的混凝土称为钢筋混凝土，用钢筋混凝土制成的板、梁、柱等构件称为钢筋混凝土结构。主要表达钢筋混凝土结构中钢筋的图样，称为钢筋图。钢筋图中一般不画混凝土材料图例。钢筋用粗实线，钢筋的截面用小黑圆点，构件的外形轮廓用细实线表示。特别要注意保护层与钢筋弯钩的画法。

8.1 钢筋混凝土梁

8.1.1 混凝土梁立面图

命令：l LINE 指定第一点：（选择合适的任一点为起点）

指定下一点或［放弃（U）］：2130（向左画 2130）

指定下一点或［放弃（U）］：500（向上画 500）

指定下一点或［闭合（C）/放弃（U）］：

命令：o OFFSET

当前设置：删除源＝否 图层＝源 OFFSETGAPTYPE＝0

指定偏移距离或［通过（T）/删除（E）/图层（L）］＜通过＞：240（向左偏移 240）

选择要偏移的对象，或［退出（E）/放弃（U）］＜退出＞：　　　　　（选择直线 A）

指定要偏移的那一侧上的点，或［退出（E）/多个（M）/放弃（U）］＜退出＞：

选择要偏移的对象，或［退出（E）/放弃（U）］＜退出＞：＊取消＊

命令：l LINE 指定第一点：　　　　　　　　　　　　　　　　　　（点 1 为起点）

指定下一点或［放弃（U）］：1350　　　　　　　　　　　　　　　（向左画 1350）

指定下一点或［放弃（U）］：500　　　　　　　　　　　　　　　　（向下画 500）

指定下一点或［闭合（C）/放弃（U）］：1350　　　　　　　　　　（向右画 1350）

指定下一点或［闭合（C）/放弃（U）］：700　　　　　　　　　　　（向下画 700）

命令：o OFFSET

当前设置：删除源＝否 图层＝源 OFFSETGAPTYPE＝0

指定偏移距离或［通过（T）/删除（E）/图层（L）］＜240.0000＞：240

　　　　　　　　　　　　　　　　　　　　　　　　　　　　　（向右偏移 240）

选择要偏移的对象，或［退出（E）/放弃（U）］＜退出＞：　　　　　（选择直线 B）

指定要偏移的那一侧上的点，或［退出（E）/多个（M）/放弃（U）］＜退出＞：

命令：o OFFSET

当前设置：删除源＝否 图层＝源 OFFSETGAPTYPE＝0

指定偏移距离或［通过（T）/删除（E）/图层（L）］＜240.0000＞：700（向下偏移 700）

选择要偏移的对象，或［退出（E）/放弃（U）］＜退出＞： （选择直线 C）

指定要偏移的那一侧上的点，或［退出（E）/多个（M）/放弃（U）］＜退出＞：

命令：tr TRIM （修剪掉不需要的部
分）

当前设置：投影＝UCS，边＝延伸

选择剪切边 ...

选择对象或＜全部选择＞：

选择要修剪的对象，或按住 Shift 键选择要延伸的对象，或

［栏选（F）/窗交（C）/投影（P）/边（E）/删除（R）/放弃（U）］：

命令：o OFFSET （使用偏移命令向内偏移钢筋保护层 25）

当前设置：删除源＝否 图层＝源 OFFSETGAPTYPE＝0

指定偏移距离或［通过（T）/删除（E）/图层（L）］＜25.0000＞：25

选择要偏移的对象，或［退出（E）/放弃（U）］＜退出＞：

指定要偏移的那一侧上的点，或［退出（E）/多个（M）/放弃（U）］＜退出＞：

选择要偏移的对象，或［退出（E）/放弃（U）］＜退出＞：

指定要偏移的那一侧上的点，或［退出（E）/多个（M）/放弃（U）］＜退出＞：

选择要偏移的对象，或［退出（E）/放弃（U）］＜退出＞：

指定要偏移的那一侧上的点，或［退出（E）/多个（M）/放弃（U）］＜退出＞：

选择要偏移的对象，或［退出（E）/放弃（U）］＜退出＞：

指定要偏移的那一侧上的点，或［退出（E）/多个（M）/放弃（U）］＜退出＞：

选择要偏移的对象，或［退出（E）/放弃（U）］＜退出＞：

选择要偏移的对象，或［退出（E）/放弃（U）］＜退出＞：

选择要偏移的对象，或［退出（E）/放弃（U）］＜退出＞：

指定要偏移的那一侧上的点，或［退出（E）/多个（M）/放弃（U）］＜退出＞：

选择要偏移的对象，或［退出（E）/放弃（U）］＜退出＞：＊取消＊

命令：ex EXTEND （对不足部分进行延伸）

当前设置：投影＝UCS，边＝延伸

选择边界的边 ...

选择对象或＜全部选择＞：

选择要延伸的对象，或按住 Shift 键选择要修剪的对象，或

［栏选（F）/窗交（C）/投影（P）/边（E）/放弃（U）］：

选择要延伸的对象，或按住 Shift 键选择要修剪的对象，或

［栏选（F）/窗交（C）/投影（P）/边（E）/放弃（U）］：＊取消＊

（A，B，C，D 直线长度为 100）

　　轮廓线如图 8.1 所示。

命令：l LINE 指定第一点：600（起点为 A 点，向右追踪 600）

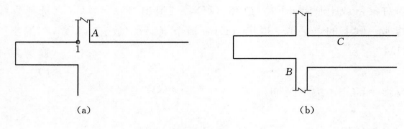

图 8.1　轮廓线

指定下一点或［放弃（U）］：450　　　　　　　　　　　　　　　　　　（向下画 450）

回车结束命令

命令：o OFFSET

当前设置：删除源＝否 图层＝源 OFFSETGAPTYPE＝0

指定偏移距离或［通过（T）/删除（E）/图层（L）］＜20.0000＞：200（向右偏移
　　　　　　　　　　　　　　　　　　　　　　　　　　　　　200x2）

选择要偏移的对象，或［退出（E）/放弃（U）］＜退出＞：

选择要偏移的对象，或［退出（E）/放弃（U）］＜退出＞：

选择要偏移的对象，或［退出（E）/放弃（U）］＜退出＞：

指定要偏移的那一侧上的点，或［退出（E）/多个（M）/放弃（U）］＜退出＞：

选择要偏移的对象，或［退出（E）/放弃（U）］＜退出＞：

指定要偏移的那一侧上的点，或［退出（E）/多个（M）/放弃（U）］＜退出＞：

命令：l LINE 指定第一点：50　　　　　　　　　　　　　　　　（从 A 点追踪 50）

指定下一点或［放弃（U）］：675　　　　　　　　　　　　　　　　（向下画 675）

命令：tr TRIM 修剪掉不需要的部分

当前设置：投影＝UCS，边＝延伸

选择剪切边 ...

选择对象或＜全部选择＞：

选择要修剪的对象，或按住 Shift 键选择要延伸的对象，或

［栏选（F）/窗交（C）/投影（P）/边（E）/删除（R）/放弃（U）］：

命令：o OFFSET

当前设置：删除源＝否 图层＝源 OFFSETGAPTYPE＝0

指定偏移距离或［通过（T）/删除（E）/图层（L）］＜200.0000＞：200（向右偏移 200）

选择要偏移的对象，或［退出（E）/放弃（U）］＜退出＞：

指定要偏移的那一侧上的点，或［退出（E）/多个（M）/放弃（U）］＜退出＞：

选择要偏移的对象，或［退出（E）/放弃（U）］＜退出＞：

指定要偏移的那一侧上的点，或［退出（E）/多个（M）/放弃（U）］＜退出＞：

选择要偏移的对象，或［退出（E）/放弃（U）］＜退出＞：＊取消＊

命令：l LINE 指定第一点：

指定下一点或［放弃（U）］：　　　（第一点选择 A 点）

指定下一点或［放弃（U）］：　　　　（第一点选择 B 点，B 点为 45°追踪线与 B 直线的交点）

钢筋如图 8.2 所示。

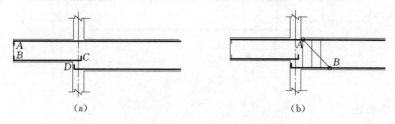

图 8.2　钢筋

命令：LINE 指定第一点：2700　　　　（由 A 点向右追踪 2700）

指定下一点或［放弃（U）］：100　　　（向 225°方向画 100）

指定下一点或［放弃（U）］：

命令：tr TRIM　　　　　　　　　　　（修剪掉不需要的部分）

当前设置：投影＝UCS，边＝延伸

选择剪切边 …

选择对象或＜全部选择＞：

选择要修剪的对象，或按住 Shift 键选择要延伸的对象，或

［栏选（F）/窗交（C）/投影（P）/边（E）/删除（R）/放弃（U）］：

选择要修剪的对象，或按住 Shift 键选择要延伸的对象，或

［栏选（F）/窗交（C）/投影（P）/边（E）/删除（R）/放弃（U）］：＊取消＊

半立面如图 8.3 所示。

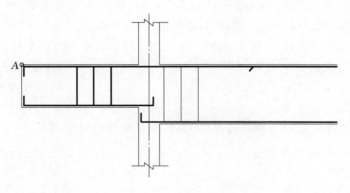

图 8.3　半立面

命令：mi MIRROR（将左半部分镜像）

选择对象：指定对角点：找到 34 个

选择对象：指定镜像线的第一点：指定镜像线的第二点：

要删除源对象吗？［是（Y）/否（N）］＜N＞：

立面图如图 8.4 所示。

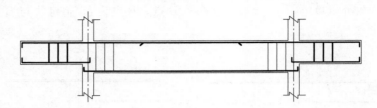

图 8.4　立面图

8.1.2　1－1 断面图

命令：sc SCALE　　　　　　　　　　　　　　　（根据题目要求，绘制断面图时

　　　　　　　　　　　　　　　　　　　　　　　将比例缩放为 1∶20）

选择对象：指定对角点：找到 98 个

选择对象：

指定基点：

指定比例因子或［复制(C)/参照(R)］＜1.0000＞：20/25

命令：rec RECTANG

指定第一个角点或［倒角(C)/标高(E)/圆角(F)/厚度(T)/宽度(W)］：

指定另一个角点或［面积(A)/尺寸(D)/旋转(R)］：@350,500　（宽 350,高 500 的矩形）

命令：o OFFSET

当前设置：删除源＝否 图层＝源 OFFSETGAPTYPE＝0

指定偏移距离或［通过(T)/删除(E)/图层(L)］＜200.0000＞：25　　　（向内偏移 25）

选择要偏移的对象，或［退出(E)/放弃(U)］＜退出＞：

指定要偏移的那一侧上的点，或［退出(E)/多个(M)/放弃(U)］＜退出＞：

选择要偏移的对象，或［退出(E)/放弃(U)］＜退出＞：＊取消＊

命令：c CIRCLE 指定圆的圆心或［三点(3P)/两点(2P)/切点、切点、半径(T)］：

指定圆的半径或［直径(D)］＜17.5979＞：10　　　　　　　　（绘制钢筋截面,大小为 10

　　　　　　　　　　　　　　　　　　　　　　　的填充圆）

命令：h HATCH

拾取内部点或［选择对象(S)/删除边界(B)］：正在选择所有对象 …

正在选择所有可见对象 …

正在分析所选数据 …

正在分析内部孤岛 …

拾取内部点或［选择对象(S)/删除边界(B)］：

命令：指定对角点：

命令：m MOVE　　　　　　　　　　　　　　　　（将圆点移动到合适的位置）

选择对象：指定对角点：找到 2 个

选择对象：

指定基点或［位移(D)］＜位移＞：指定第二个点或＜使用第一个点作为位移＞：

　　　　　　　　　　　　　　　　　　　　　　　（复制圆点到指定位置）

8.1.3 2-2断面图

命令:co COPY   (复制1-1断面图到合适的位置)

选择对象:指定对角点:找到 6 个

选择对象:指定对角点:找到 2 个,总计 8 个

选择对象:指定对角点:找到 4 个,总计 12 个

选择对象:

当前设置:复制模式=多个

指定基点或[位移(D)/模式(O)]<位移>:指定第二个点或<使用第一个点作为位移>:

指定第二个点或[退出(E)/放弃(U)]<退出>:∗取消∗

命令:s STRETCH   (使用拉伸命令选择复制出的1-1断面图的
                                              上半部分)

以交叉窗口或交叉多边形选择要拉伸的对象...

选择对象:指定对角点:找到 8 个

选择对象:

指定基点或[位移(D)]<位移>:

指定第二个点或<使用第一个点作为位移>:200(向上输入200)

根据图纸对钢筋截面小圆进行删除或复制。

8.1.4 3-3断面图

命令:co COPY   (复制2-2断面图到合适的位置)

选择对象:指定对角点:找到 12 个

选择对象:

当前设置:复制模式=多个

指定基点或[位移(D)/模式(O)]<位移>:指定第二个点或<使用第一个点作为位移>:

指定第二个点或[退出(E)/放弃(U)]<退出>:∗取消∗

根据图纸对钢筋截面小圆进行删除或复制,如图8.5所示。

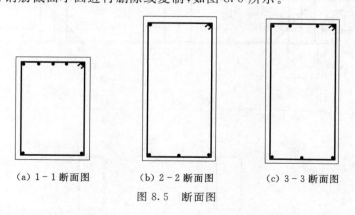

(a) 1-1断面图   (b) 2-2断面图   (c) 3-3断面图

图 8.5   断面图

8.1.5 尺寸标注

使用线性标注(DLI)以及快速引线标注(LE)。首先设置快速引线标注箭头为倾斜,具体如图8.6所示。

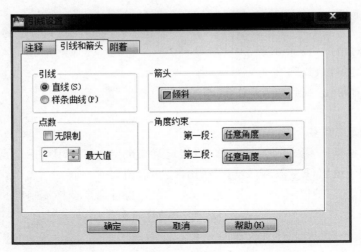

图 8.6　引线设置

尺寸标注如图 8.7 所示。

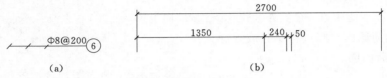

图 8.7　钢筋编号与标注

完善标注，注写说明，如图 8.8 所示。

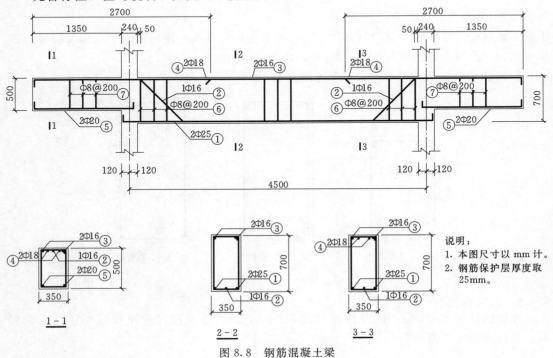

图 8.8　钢筋混凝土梁

8.2 工作桥钢筋图

首先分析图纸，明确每个部分钢筋及其箍筋还有混凝土的保护层厚度取值。①画工作桥钢筋图，先画钢筋保护层，再画钢筋以及箍筋；②画 A—A 断面图，先画钢筋保护层，再画钢筋以及箍筋。具体画法如下。

8.2.1 工作桥钢筋图

命令：rec RECTANG（使用矩形命令绘制钢筋保护层）

指定第一个角点或 [倒角（C）/标高（E）/圆角（F）/厚度（T）/宽度（W）]：（第一个角点指定合适的位置）

指定另一个角点或 [面积（A）/尺寸（D）/旋转（R）]：@10000，700

命令：m MOVE　　　　　　　　　　　（将图形移动到合适的位置）

选择对象：指定对角点：找到 1 个

选择对象：

指定基点或 [位移（D）] <位移>：指定第二个点或 <使用第一个点作为位移>：

命令：o OFFSET　　　　（使用偏移命令，将矩形向内偏移 30，钢筋保护层为 30）

当前设置：删除源＝否 图层＝源 OFFSETGAPTYPE＝0

指定偏移距离或 [通过（T）/删除（E）/图层（L）] <通过>：30

选择要偏移的对象，或 [退出（E）/放弃（U）] <退出>：

指定要偏移的那一侧上的点，或 [退出
（E）/多个（M）/放弃（U）] <退出>：

轮廓如图 8.9 所示。

图 8.9 轮廓

　　由 A 点向右追踪 430，向下画 700，修剪掉多余的部分。将直线 1 向右偏移 30，然后将直线 1 删除，如图 8.10 所示。

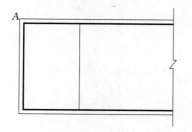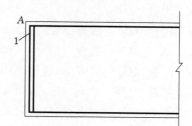

图 8.10 左端钢筋

命令：o OFFSET　　　　　　　　　（将直线 2 向右偏移 200，向左偏移 200×7）

当前设置：删除源＝否 图层＝源 OFFSETGAPTYPE＝0

指定偏移距离或 [通过（T）/删除（E）/图层（L）] <200.0000>：200

选择要偏移的对象，或 [退出（E）/放弃（U）] <退出>：

指定要偏移的那一侧上的点，或 [退出（E）/多个（M）/放弃（U）] <退出>：m（输入 M 偏移多个）

指定要偏移的那一侧上的点，或［退出（E）/放弃（U）］＜下一个对象＞：
指定要偏移的那一侧上的点，或［退出（E）/放弃（U）］＜下一个对象＞：
指定要偏移的那一侧上的点，或［退出（E）/放弃（U）］＜下一个对象＞：
指定要偏移的那一侧上的点，或［退出（E）/放弃（U）］＜下一个对象＞：
指定要偏移的那一侧上的点，或［退出（E）/放弃（U）］＜下一个对象＞：
指定要偏移的那一侧上的点，或［退出（E）/放弃（U）］＜下一个对象＞：

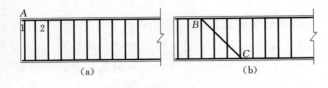

图 8.11　箍筋与弯起筋

指定要偏移的那一侧上的点，或［退出（E）/放弃（U）］＜下一个对象＞：
指定要偏移的那一侧上的点，或［退出（E）/放弃（U）］＜下一个对象＞：

连接 B 点与 C 点（B 点由 A 点向右 430，C 点为 45 度线交点），如图 8.11 所示。

将左半部分镜像（镜像线为中点），如图 8.12 所示。

图 8.12　镜像

命令：l LINE 指定第一点：300　　　　　　　（第一点为 A 点，向下追踪 300）
指定下一点或［放弃（U）］：200　　　　　　（向右 200）
指定下一点或［放弃（U）］：150　　　　　　（向上 150）
指定下一点或［闭合（C）/放弃（U）］：1700　　（向右 1700）
指定下一点或［闭合（C）/放弃（U）］：150　　（向下 150）
指定下一点或［闭合（C）/放弃（U）］：200　　（向右 200）
指定下一点或［闭合（C）/放弃（U）］：150　　（向上 150）
指定下一点或［闭合（C）/放弃（U）］：1800　　（向右 1800）
指定下一点或［闭合（C）/放弃（U）］：150　　（向下 150）
指定下一点或［闭合（C）/放弃（U）］：200　　（向右 200）
指定下一点或［闭合（C）/放弃（U）］：150　　（向上 150）
指定下一点或［闭合（C）/放弃（U）］：1800　　（向右 1800）
指定下一点或［闭合（C）/放弃（U）］：150　　（向下 150）
指定下一点或［闭合（C）/放弃（U）］：200　　（向右 200）
指定下一点或［闭合（C）/放弃（U）］：150　　（向上 150）
指定下一点或［闭合（C）/放弃（U）］：1800　　（向右 1800）
指定下一点或［闭合（C）/放弃（U）］：150　　（向下 150）
指定下一点或［闭合（C）/放弃（U）］：200　　（向右 200）
指定下一点或［闭合（C）/放弃（U）］：150　　（向上 150）

指定下一点或［闭合（C）/放弃（U）］：1700　　　　（向右 1700）

指定下一点或［闭合（C）/放弃（U）］：150　　　　　（向下 150）

指定下一点或［闭合（C）/放弃（U）］：200　　　　　（向右 200）

　　梁板如图 8.13 所示。

命令：co COPY

选择对象：指定对角点：找到 4 个

选择对象：找到 1 个，总计 5 个

选择对象：指定对角点：找到 5

个，总计 10 个　　（选择左部钢筋复制）

选择对象：

当前设置：复制模式＝多个

指定基点或［位移（D）/模式（O）］＜位移＞：指定第二个点或＜使用第一个点作为位

移＞：4590　　　（基点为 B 点，向右复制，距离为 4590）

　　中段箍筋如图 8.14 所示。

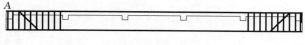

图 8.13　梁板

8.2.2　*A*–*A* 断面图

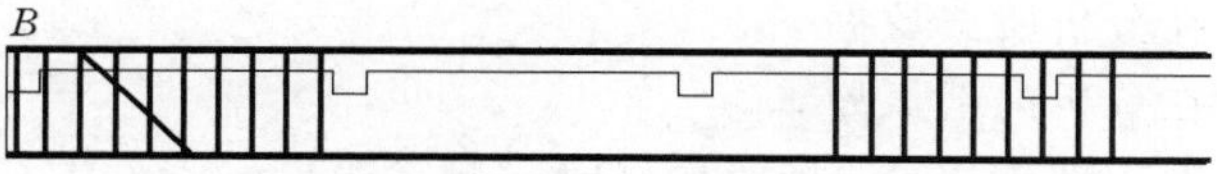

命令：l LINE 指定第一点：　　（指

定任一点）

指定下一点或［放弃（U）］：2000

图 8.14　中段箍筋

（向左 2000）

指定下一点或［放弃（U）］：300　　　　　　　　　　（向下 300）

指定下一点或［闭合（C）/放弃（U）］：300　　　　　（向右 300）

指定下一点或［闭合（C）/放弃（U）］：400　　　　　（向下 400）

指定下一点或［闭合（C）/放弃（U）］：250　　　　　（向右 250）

指定下一点或［闭合（C）/放弃（U）］：400　　　　　（向上 400）

指定下一点或［闭合（C）/放弃（U）］：900　　　　　（向右 900）

指定下一点或［闭合（C）/放弃（U）］：400　　　　　（向下 400）

指定下一点或［闭合（C）/放弃（U）］：250　　　　　（向右 250）

指定下一点或［闭合（C）/放弃（U）］：400　　　　　（向上 400）

指定下一点或［闭合（C）/放弃（U）］：300　　　　　（向右 300）

指定下一点或［闭合（C）/放弃（U）］：300　　　　　（向上 300）

命令：o OFFSET（使用偏移命令，将直线 A 向下偏移 150）

当前设置：删除源＝否 图层＝源 OFFSETGAPTYPE＝0

指定偏移距离或［通过（T）/删除（E）/图层（L）］＜200.0000＞：150

选择要偏移的对象，或［退出（E）/放弃（U）］＜退出＞：

指定要偏移的那一侧上的点，或［退出（E）/多个（M）/放弃（U）］＜退出＞：

选择要偏移的对象，或［退出（E）/放弃（U）］＜退出＞：＊取消＊

使用偏移及修剪命令，画出保护层。

　　横断面如图 8.15 所示。

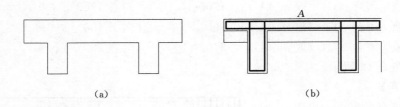

(a)   (b)

图 8.15 横断面

命令：c CIRCLE 指定圆的圆心或 ［三点（3P）/两点（2P）/切点、切点、半径（T）］：

（绘制半径为 10 的圆表示钢筋截面）

指定圆的半径或 ［直径（D）］ ＜10.0000＞：10

命令：h HATCH   （选择填充）

拾取内部点或 ［选择对象（S）/删除边界（B）］：

正在选择所有对象 …

正在选择所有可见对象 …

正在分析所选数据 …

正在分析内部孤岛 …

拾取内部点或 ［选择对象（S）/删除边界（B）］：

命令：m MOVE   （将圆点移动到合适的位置）

选择对象：指定对角点：找到 2 个

选择对象：

指定基点或 ［位移（D）］ ＜位移＞：指定第二个点或＜使用第一个点作为位移＞：

    将圆点复制到指定位置，如图 8.16 所示。

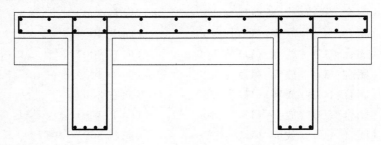

图 8.16 横断面配筋

8.2.3 钢筋表

命令：rec RECTANG（绘制一个 4200 × 2000 的矩形）

指定第一个角点或 ［倒角（C）/标高（E）/圆角（F）/厚度（T）/宽度（W）］：

指定另一个角点或 ［面积（A）/尺寸

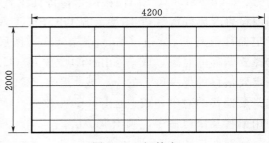

图 8.17 钢筋表

（D）/旋转（R）]：@4200，2000

　　然后将其分为 7 行 8 列，根据表格内容调整行宽列宽，如图 8.17 所示。

8.2.4　标注

　　设置快速引线箭头为倾斜。设置标注样式，测量比例因子为 30，完善线性标注以及引线标注，完善图纸标注以及钢筋表内容，如图 8.18 所示。

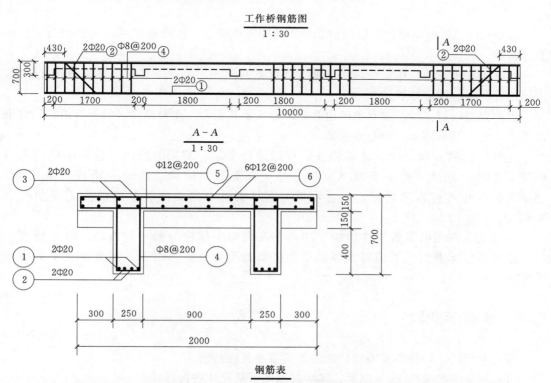

工作桥钢筋图
1:30

A−A
1:30

钢筋表

编号	型式	直径 /mm	根长 /m	根数	总长度 /m	单位重量 /(kg/m)	总重量 /kg
①	9940	20	10.60	4	42.4	2.468	104.6
②	300 400 480 480 400 300 7860	20	10.50	4	42.0	2.468	103.7
③	6240	20	9.94	4	39.8	2.468	98.1
④	190 640	8	1.76	100	176.0	0.395	69.5
⑤	1940 90	12	1.94	100	194.0	0.888	172.3
⑥	9940	12	9.94	20	198.8	0.888	176.5

图 8.18　工作桥钢筋图

第9章 三维实体模型

在 AutoCAD 中，用户可以创建 3 种类型的三维模型，即线框模型、表面模型、三维实体模型。

线框模型没有面、体特征，它仅是三维对象的轮廓，由点、直线、曲线等对象组成，不能进行消隐、渲染等操作。

表面模型既定义了三维对象的边界，又定义了其表面。此种模型可以进行消隐、渲染的操作，但不具有体积、质心等特征。

三维实体具有线、面、体等特征，可以进行消隐、渲染的操作，包含体积、质心创建长方体、球体、锥体等基本立体，还可以旋转、拉伸二维对象形成三维实体。三维实体间可进行布尔运算，通过将简单实体合并、求交或差集就能生成复杂的立体模型。

本章主要阐述创建实体模型的常用命令及构建实体模型的一般方法。通过研究学习，读者可以掌握创建及编辑实体模型的主要命令，了解利用布尔运算建立复杂模型的方法。

9.1 渡槽渐变段

首先分析图，弄清需要放样的断面及其需要延伸的断面。

(1) 依据图纸画出 1-1 断面，然后按照图纸的尺寸进行延伸。

(2) 依据图纸分别画出 1-1 断面及 3-3 断面，然后按照图纸的尺寸进行放样。

(3) 依据图纸分别画出 2-2 断面及 3-3 断面，然后按照图纸的距离进行放样。

(4) 依据图纸参考 1-1 断面按照图纸的尺寸进行延伸，画出断面。

(5) 最后把各部分拼接组成完整的视图。

图 9.1 所示为渡槽渐变段视图。

9.1.1 U 形槽身

绘制 U 形槽身，如图 9.2 所示。

1. 转换

先将 1-1 断面的视图切换到左视图。

命令：pl PLINE

指定起点：   （任一点）

当前线宽为 0.0000

指定下一个点或 [圆弧（A）/半宽（H）/长度（L）/放弃（U）/宽度（W）]：900

指定下一点或 [圆弧（A）/闭合（C）/半宽（H）/长度（L）/放弃（U）/宽度（W）]：a

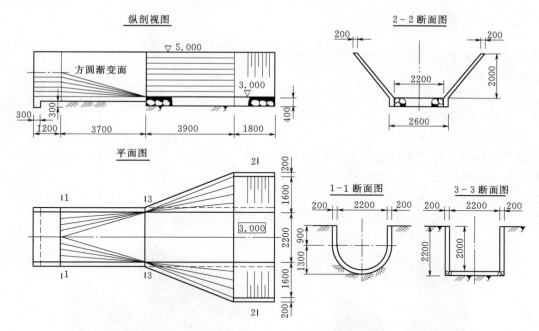

图 9.1　渡槽渐变段视图

指定圆弧的端点或

［角度（A）/圆心（CE）/闭合（CL）/方向（D）/半宽（H）/直线（L）/半径（R）/第二个点（S）/放弃（U）/宽度（W）］: 2200

指定圆弧的端点或

［角度（A）/圆心（CE）/闭合（CL）/方向（D）/半宽（H）/直线（L）/半径（R）/第二个点（S）/放弃（U）/宽度（W）］: l

指定下一点或［圆弧（A）/闭合（C）/半宽（H）/长度（L）/放弃（U）/宽度（W）］: 900

指定下一点或［圆弧（A）/闭合（C）/半宽（H）/长度（L）/放弃（U）/宽度（W）］: 200

指定下一点或［圆弧（A）/闭合（C）/半宽（H）/长度（L）/放弃（U）/宽度（W）］: 900

指定下一点或［圆弧（A）/闭合（C）/半宽（H）/长度（L）/放弃（U）/宽度（W）］: a

指定圆弧的端点或

［角度（A）/圆心（CE）/闭合（CL）/方向（D）/半宽（H）/直线（L）/半径（R）/第二个点（S）/放弃（U）/宽度（W）］: 2600

指定圆弧的端点或

［角度（A）/圆心（CE）/闭合（CL）/方向（D）/半宽（H）/直线（L）/半径（R）/第二个点（S）/放弃（U）/宽度（W）］: l

指定下一点或［圆弧（A）/闭合（C）/半宽（H）/长度（L）/放弃（U）/宽度（W）］: 900

指定下一点或［圆弧（A）/闭合（C）/半宽（H）/长度（L）/放弃（U）/宽度（W）］:

指定下一点或［圆弧（A）/闭合（C）/半宽（H）/长度（L）/放弃（U）/宽度（W）］: 200

命令: reg REGION

选择对象：指定对角点：找到 1 个

选择对象：　　　　　　　　　　　　　　　　　　（1－1 断面）

已拒绝 1 个闭合的、退化的或未支持的对象。

已提取 1 个环。

　　2. 拉伸

命令：ext EXTRUDE

当前线框密度：ISOLINES＝4

选择要拉伸的对象：指定对角点：找到 1 个　　　　　　（选择 1－1 断面）

选择要拉伸的对象：指定对角点：找到 1 个（1 个重复），总计 1 个

选择要拉伸的对象：

指定拉伸的高度或［方向（D）/路径（P）/倾斜角（T）］：1200

图 9.2　U 形槽身

图 9.3　渐变段

9.1.2　渐变段

　　绘制渐变段，如图 9.3 所示。

　　1. 绘制断面

命令:pl PLINE

指定起点：　　　　　　　　　　　　　　　　（指定任一点为起点）

当前线宽为 0.0000

指定下一个点或［圆弧（A）/半宽（H）/长度（L）/放弃（U）/宽度（W）]:900　　　（向下画 900）

指定下一点或［圆弧（A）/闭合（C）/半宽（H）/长度（L）/放弃（U）/宽度（W）]:200(向右画 200)

指定下一点或［圆弧（A）/闭合（C）/半宽（H）/长度（L）/放弃（U）/宽度（W）]:900(下下画 900)

指定下一点或［圆弧（A）/闭合（C）/半宽（H）/长度（L）/放弃（U）/宽度（W）]:a(输入圆弧选项 A)

指定圆弧的端点或

［角度（A）/圆心（CE）/闭合（CL）/方向（D）/半宽（H）/直线（L）/半径（R）/第二个点（S）/放弃（U）/

宽度（W）]:2600　　　　　　　　　　　　　　（输入距离 2600）

指定圆弧的端点或

［角度（A）/圆心（CE）/闭合（CL）/方向（D）/半宽（H）/直线（L）/半径（R）/第二个点（S）/放弃（U）/

宽度（W）]:l　　　　　　　　　　　　　　　　（输入直线命令 L）

指定下一点或［圆弧（A）/闭合（C）/半宽（H）/长度（L）/放弃（U）/宽度（W）]:900

（向上画 900）

指定下一点或［圆弧(A)/闭合(C)/半宽(H)/长度(L)/放弃(U)/宽度(W)］:200

（向右画 200）

指定下一点或［圆弧(A)/闭合(C)/半宽(H)/长度(L)/放弃(U)/宽度(W)］:900

（向下画 900）

指定下一点或［圆弧(A)/闭合(C)/半宽(H)/长度(L)/放弃(U)/宽度(W)］:a

（输入圆弧选项 A）

指定圆弧的端点或

［角度(A)/圆心(CE)/闭合(CL)/方向(D)/半宽(H)/直线(L)/半径(R)/第二个点(S)/放弃(U)/

宽度(W)］:2200

（输入距离 2200）

命令:reg REGION（面域）

选择对象:指定对角点:找到 1 个

选择对象: （选择画出的 1－1 断面）

已提取 1 个环。

已创建 1 个面域。

命令:pl PLINE

指定起点: （指定任一点为起点）

当前线宽为 0.0000

指定下一个点或［圆弧(A)/半宽(H)/长度(L)/放弃(U)/宽度(W)］:2000

（向上画 2000）

指定下一点或［圆弧(A)/闭合(C)/半宽(H)/长度(L)/放弃(U)/宽度(W)］:200

（向左画 200）

指定下一点或［圆弧(A)/闭合(C)/半宽(H)/长度(L)/放弃(U)/宽度(W)］:2200

（向下画 2200）

指定下一点或［圆弧(A)/闭合(C)/半宽(H)/长度(L)/放弃(U)/宽度(W)］:2600

（向左画 2600）

指定下一点或［圆弧(A)/闭合(C)/半宽(H)/长度(L)/放弃(U)/宽度(W)］:2200

（向上画 2200）

指定下一点或［圆弧(A)/闭合(C)/半宽(H)/长度(L)/放弃(U)/宽度(W)］:200

（向右画 200）

指定下一点或［圆弧(A)/闭合(C)/半宽(H)/长度(L)/放弃(U)/宽度(W)］:2000

（向下画 2000）

指定下一点或［圆弧(A)/闭合(C)/半宽(H)/长度(L)/放弃(U)/宽度(W)］:2200

（向右画 2200）

命令:reg REGION   （面域）

选择对象:指定对角点:找到 1 个

选择对象: （选择画出的 3－3 断面）

已提取 1 个环。

已创建 1 个面域。

命令:m MOVE   (捕捉 1－1 断面的中点和 3－3 断面的中点重合)

选择对象:指定对角点:找到 1 个

选择对象: (捕捉 1－1 断面的中点和 3－3 断面的中点重合)

指定基点或 [位移(D)]＜位移＞:指定第二个点或＜使用第一个点作为位移＞:

2. 放样

放样之前需要画出导线;否则会放样出不符合要求的形体。

命令:loft

按放样次序选择横截面:找到 1 个   (选择 U 形断面)

按放样次序选择横截面:找到 1 个,总计 2 个

按放样次序选择横截面: (选择矩形断面)

输入选项 [导向(G)/路径(P)/仅横截面(C)]＜仅横截面＞:

9.1.3 扭曲面

绘制扭曲面如图 9.4 所示。

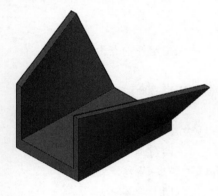

图 9.4 扭曲面

1. 绘制断面

命令:pl PLINE

指定起点: (任一点)

当前线宽为 0.0000

指定下一个点或 [圆弧(A)/半宽(H)/长度(L)/放弃(U)/宽度(W)]:2600

指定下一点或 [圆弧(A)/闭合(C)/半宽(H)/长度(L)/放弃(U)/宽度(W)]:400

指定下一点或 [圆弧(A)/闭合(C)/半宽(H)/长度(L)/放弃(U)/宽度(W)]:@1600,2000

指定下一点或 [圆弧(A)/闭合(C)/半宽(H)/长度(L)/放弃(U)/宽度(W)]:200

指定下一点或 [圆弧(A)/闭合(C)/半宽(H)/长度(L)/放弃(U)/宽度(W)]:@－1600,－2000

指定下一点或 [圆弧(A)/闭合(C)/半宽(H)/长度(L)/放弃(U)/宽度(W)]:2200

指定下一点或 [圆弧(A)/闭合(C)/半宽(H)/长度(L)/放弃(U)/宽度(W)]:@－1600,2000

指定下一点或 [圆弧(A)/闭合(C)/半宽(H)/长度(L)/放弃(U)/宽度(W)]:200

指定下一点或 [圆弧(A)/闭合(C)/半宽(H)/长度(L)/放弃(U)/宽度(W)]:@－1600,12000

指定下一点或 [圆弧(A)/闭合(C)/半宽(H)/长度(L)/放弃(U)/宽度(W)]:@－1600,－2000

指定下一点或 [圆弧(A)/闭合(C)/半宽(H)/长度(L)/放弃(U)/宽度(W)]:@1600,

—2000

指定下一点或［圆弧(A)/闭合(C)/半宽(H)/长度(L)/放弃(U)/宽度(W)］:400

指定下一点或［圆弧(A)/闭合(C)/半宽(H)/长度(L)/放弃(U)/宽度(W)］:

命令:reg REGION

选择对象:指定对角点:找到 1 个

选择对象:　　　　　　　　　　　　　（选择 2－2 断面）

已提取 1 个环。

已创建 1 个面域。

命令:pl PLINE

指定起点:　　　　　　　　　　（任一点）

当前线宽为 0.0000

指定下一个点或［圆弧(A)/半宽(H)/长度(L)/放弃(U)/宽度(W)］:2400

指定下一点或［圆弧(A)/闭合(C)/半宽(H)/长度(L)/放弃(U)/宽度(W)］:200

指定下一点或［圆弧(A)/闭合(C)/半宽(H)/长度(L)/放弃(U)/宽度(W)］:2000

指定下一点或［圆弧(A)/闭合(C)/半宽(H)/长度(L)/放弃(U)/宽度(W)］:2200

指定下一点或［圆弧(A)/闭合(C)/半宽(H)/长度(L)/放弃(U)/宽度(W)］:2000

指定下一点或［圆弧(A)/闭合(C)/半宽(H)/长度(L)/放弃(U)/宽度(W)］:200

指定下一点或［圆弧(A)/闭合(C)/半宽(H)/长度(L)/放弃(U)/宽度(W)］:2400

指定下一点或［圆弧(A)/闭合(C)/半宽(H)/长度(L)/放弃(U)/宽度(W)］:2600

指定下一点或［圆弧(A)/闭合(C)/半宽(H)/长度(L)/放弃(U)/宽度(W)］:

命令:reg REGION　　　　　　　　　（选择 3－3 断面）

选择对象:指定对角点:找到 1 个

选择对象:　　　　　　　　　　　　　（选择 3－3 断面）

已提取 1 个环。

已创建 1 个面域。

命令:m MOVE　　　　　　　　　（根据图纸的位置让 2－2 向右移动 3900）

选择对象:找到 1 个

选择对象:

　　指定基点或［位移(D)］＜位移＞:指定第二个点或＜使用第一个点作为位移＞:3900

　　2. 放样

命令:loft

按放样次序选择横截面:找到 1 个　　（选择 3－3 断面）

按放样次序选择横截面:找到 1 个,总计 2 个

按放样次序选择横截面:　　　　　　（选择 2－2 断面）

输入选项［导向(G)/路径(P)/仅横截面(C)］＜仅横截面＞:

9.1.4　梯形渠道

　　绘制梯形渠道,如图 9.5 所示。

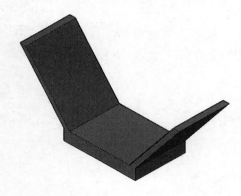

图 9.5　梯形渠道

1. 绘制断面

命令:pl PLINE

指定起点:(任一点)

当前线宽为 0.0000

指定下一个点或 [圆弧(A)/半宽(H)/长度(L)/放弃(U)/宽度(W)]:2600

指定下一点或 [圆弧(A)/闭合(C)/半宽(H)/长度(L)/放弃(U)/宽度(W)]:400

指定下一点或 [圆弧(A)/闭合(C)/半宽(H)/长度(L)/放弃(U)/宽度(W)]:@1600,2000

指定下一点或 [圆弧(A)/闭合(C)/半宽(H)/长度(L)/放弃(U)/宽度(W)]:200

指定下一点或 [圆弧(A)/闭合(C)/半宽(H)/长度(L)/放弃(U)/宽度(W)]:@−1600,−2000

指定下一点或 [圆弧(A)/闭合(C)/半宽(H)/长度(L)/放弃(U)/宽度(W)]:2200

指定下一点或 [圆弧(A)/闭合(C)/半宽(H)/长度(L)/放弃(U)/宽度(W)]:@1600,2000

指定下一点或 [圆弧(A)/闭合(C)/半宽(H)/长度(L)/放弃(U)/宽度(W)]:−1600,2000

指定下一点或 [圆弧(A)/闭合(C)/半宽(H)/长度(L)/放弃(U)/宽度(W)]:@−1600,2000

指定下一点或 [圆弧(A)/闭合(C)/半宽(H)/长度(L)/放弃(U)/宽度(W)]:200

指定下一点或 [圆弧(A)/闭合(C)/半宽(H)/长度(L)/放弃(U)/宽度(W)]:@1600,−2000

指定下一点或 [圆弧(A)/闭合(C)/半宽(H)/长度(L)/放弃(U)/宽度(W)]:400

指定下一点或 [圆弧(A)/闭合(C)/半宽(H)/长度(L)/放弃(U)/宽度(W)]:

命令:reg REGION　　　　　　　(选择 2-2 断面)

选择对象:指定对角点:找到 1 个

选择对象:

已提取 1 个环。

已创建 1 个面域。

2. 拉伸

命令: ext EXTRUDE　　　　　　(选择 2-2 断面)

当前线框密度:ISOLINES=4

选择要拉伸的对象:指定对角点:找到 1 个

选择要拉伸的对象:

指定拉伸的高度或 [方向 (D) /路径 (P) /倾斜角 (T)] <1200.0000>:1800

9.1.5　枕基

绘制枕基,如图 9.6 所示。

1. 绘制断面

命令:pl PLINE

指定起点: （任一点）

当前线宽为 0.0000

指定下一个点或［圆弧（A）/半宽（H）/长度（L）/放弃（U）/宽度（W）］:1600

指定下一点或［圆弧（A）/闭合（C）/半宽（H）/长度（L）/放弃（U）/宽度（W）］:a

指定圆弧的端点或

［角度（A）/圆心（CE）/闭合（CL）/方向（D）/半宽（H）/直线（L）/半径（R）/第二个点（S）/放弃（U）/宽度（W）］:a

图 9.6 枕基

指定包含角:－180

指定圆弧的端点或［圆心（CE）/半径（R）］:2600

指定圆弧的端点或

［角度（A）/圆心（CE）/闭合（CL）/方向（D）/半宽（H）/直线（L）/半径（R）/第二个点（S）/放弃（U）/宽度（W）］:l

指定下一点或［圆弧（A）/闭合（C）/半宽（H）/长度（L）/放弃（U）/宽度（W）］:1600

指定下一点或［圆弧（A）/闭合（C）/半宽（H）/长度（L）/放弃（U）/宽度（W）］:

指定下一点或［圆弧（A）/闭合（C）/半宽（H）/长度（L）/放弃（U）/宽度（W）］:

命令:reg REGION （选择依据 1－1 断面画出来的底座）

选择对象:指定对角点:找到 1 个

选择对象:

已提取 1 个环。

已创建 1 个面域。

2. 拉伸

命令:ext EXTRUDE

当前线框密度:ISOLINES＝4

选择要拉伸的对象:指定对角点:找到 1 个

选择要拉伸的对象: （选择依据 1－1 断面画出来的底座）

指定拉伸的高度或［方向（D）/路径（P）/倾斜角（T）］＜1800.0000＞:300

最后，拼接各部分使之成为一个完整的输水建筑物图，如图 9.7 所示。

9.2 斗门

斗门三维图的画法。首先分析图，搞清楚需要放样的断面及其需要延伸的断面。

先画上游立面图，分别由底座挡板组成，还有锥形扭面；再画 $A-A$ 剖视图的断面部分；最后画扭面段，如图 9.8 所示。

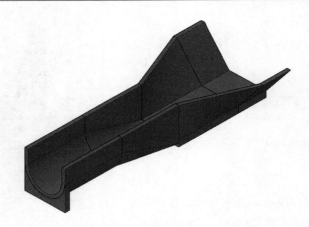

图 9.7　扭曲渐变段实体

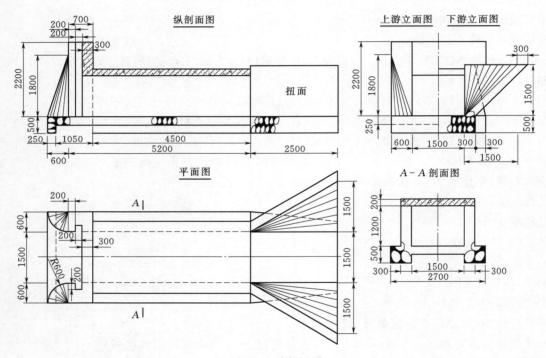

图 9.8　斗门视图

9.2.1　进口段

（1）画进口段，按 F5 键切换到主视图画底座，如图 9.9 所示。

命令：pl PLINE　　　　　　　　　　（多段线）

指定起点：　　　　　　　　　　　　（指定任一点为起点）

当前线宽为 0.0000

指定下一个点或［圆弧（A）/半宽（H）/长度（L）/放弃（U）/宽度（W）］:250

　　　　　　　　　　　　　　　（向上画 250）

指定下一点或［圆弧(A)/闭合(C)/半宽(H)/长度(L)/放弃(U)/宽度(W)］:1300

（向左画 1300）

指定下一点或［圆弧(A)/闭合(C)/半宽(H)/长度(L)/放弃(U)/宽度(W)］:500

（向下画 500）

指定下一点或［圆弧(A)/闭合(C)/半宽(H)/长度(L)/放弃(U)/宽度(W)］:250

（向右画 250）

指定下一点或［圆弧(A)/闭合(C)/半宽(H)/长度(L)/放弃(U)/宽度(W)］:250

（向上画 250）

指定下一点或［圆弧(A)/闭合(C)/半宽(H)/长度(L)/放弃(U)/宽度(W)］:1050

（向右画 1050）

命令:reg REGION   （面域）

选择对象:指定对角点:找到 1 个

选择对象: （选择所画出的图形）

已提取 1 个环。

已创建 1 个面域。

命令:ext EXTRUDE   （延伸所画出的底板）

当前线框密度:ISOLINES＝4

选择要拉伸的对象:指定对角点:找到 1 个

选择要拉伸的对象:

指定拉伸的高度或［方向(D)/路径(P)/倾斜角(T)］:2700(按照图纸输入距离 2700)

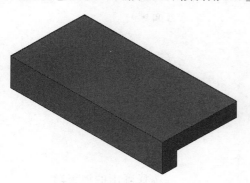

图 9.9 底板

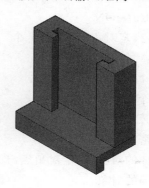

图 9.10 挡板

（2）画进口段的挡板，按 F5 键将视图切换到俯视图，如图 9.10 所示。

命令:pl PLINE(多段线)

指定起点: （指定任一点为起点）

当前线宽为 0.0000

指定下一个点或［圆弧(A)/半宽(H)/长度(L)/放弃(U)/宽度(W)］:700

（向右画 700）

指定下一点或［圆弧(A)/闭合(C)/半宽(H)/长度(L)/放弃(U)/宽度(W)］:2700

（向下画 2700）

指定下一点或［圆弧(A)/闭合(C)/半宽(H)/长度(L)/放弃(U)/宽度(W)］:700

　　　　　　　　　　　　　　　　　(向左画 700)

指定下一点或［圆弧(A)/闭合(C)/半宽(H)/长度(L)/放弃(U)/宽度(W)］:600

　　　　　　　　　　　　　　　　　(向上画 600)

指定下一点或［圆弧(A)/闭合(C)/半宽(H)/长度(L)/放弃(U)/宽度(W)］:200

　　　　　　　　　　　　　　　　　(向右画 200)

指定下一点或［圆弧(A)/闭合(C)/半宽(H)/长度(L)/放弃(U)/宽度(W)］:200

　　　　　　　　　　　　　　　　　(向下画 200)

指定下一点或［圆弧(A)/闭合(C)/半宽(H)/长度(L)/放弃(U)/宽度(W)］:200

　　　　　　　　　　　　　　　　　(向右画 200)

指定下一点或［圆弧(A)/闭合(C)/半宽(H)/长度(L)/放弃(U)/宽度(W)］:1900

　　　　　　　　　　　　　　　　　(向上画 1900)

指定下一点或［圆弧(A)/闭合(C)/半宽(H)/长度(L)/放弃(U)/宽度(W)］:200

　　　　　　　　　　　　　　　　　(向左画 200)

指定下一点或［圆弧(A)/闭合(C)/半宽(H)/长度(L)/放弃(U)/宽度(W)］:200

　　　　　　　　　　　　　　　　　(向下画 200)

指定下一点或［圆弧(A)/闭合(C)/半宽(H)/长度(L)/放弃(U)/宽度(W)］:200

　　　　　　　　　　　　　　　　　(向左画 200)

指定下一点或［圆弧(A)/闭合(C)/半宽(H)/长度(L)/放弃(U)/宽度(W)］:600

　　　　　　　　　　　　　　　　　(向上画 600)

命令:reg REGION　　　　　　　　　　　　(面域)

选择对象:指定对角点:找到 1 个

选择对象:　　　　　　　　　　　　　　　(选择画出的挡板)

已提取 1 个环。

已创建 1 个面域。

命令:ext EXTRUDE　　　　　　　　　　　(延伸)

当前线框密度:ISOLINES＝4

选择要拉伸的对象:指定对角点:找到 1 个

选择要拉伸的对象:　　　　　　　　　　　(选择画出的挡板)

指定拉伸的高度或［方向(D)/路径(P)/倾斜角(T)］＜2700.0000＞:2200

　　　　　　　　　　　　　　　　　(输入拉伸距离 2200)

命令:m MOVE　　　　　　　　　　　　　(移动)

选择对象:指定对角点:找到 1 个

选择对象:　　　　　　　　　　　　　　　(选择挡板移动到指定位置)

指定基点或［位移(D)］＜位移＞:指定第二个点或＜使用第一个点作为位移＞:

　　(3) 画进口段的翼墙,按 F5 键切换到俯视图,如图 9.11 所示。

命令:con　　　　　　　　　　　　　　　(圆锥体)

指定底面的中心点或［三点(3P)/两点(2P)/切点、切点、半径(T)/椭圆(E)］:

指定底面半径或［直径(D)］:d （输入直径 D）

指定直径:1200 （输入直径 1200）

指定高度或［两点(2P)/轴端点（A）/顶面半径

(T)］<2200.0000>:1800 （输入高度 1800）

命令:sl SLICE （剖切）

选择要剖切的对象:找到 1 个

选择要剖切的对象:

（选择画出的圆锥体）

指定 切面 的起点或［平面对象(O)/曲面(S)/Z 轴

(Z)/视图(V)/XY(XY)/YZ(YZ)/ZX(ZX)/三点

(3)］<三点>:

指定平面上的第二个点:

在所需的侧面上指定点或［保留两个侧面(B)］<保留两个侧面>:

命令:SLICE （剖切）

选择要剖切的对象:找到 1 个

选择要剖切的对象: （选择画出的圆锥体）

指定 切面 的起点或［平面对象(O)/曲面(S)/Z 轴(Z)/视图(V)/XY(XY)/YZ(YZ)/ZX

(ZX)/三点(3)］<三点>:

指定平面上的第二个点:

在所需的侧面上指定点或［保留两个侧面(B)］<保留两个侧面>:

命令:m MOVE （移动）

选择对象:指定对角点:找到 1 个

选择对象: （选择剖切后的扭面移动到指定地方）

指定基点或［位移(D)］<位移>:

正在检查 666 个交点 ... 指定第二个点或<使用第一个点作为位移>:

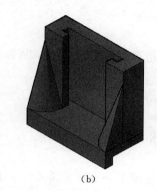

(a)   (b)

图 9.11 翼墙

9.2.2 中间段

（1）以 A - A 剖视图绘制底板与侧墙,按 F5 键切换到左视图,如图 9.12 所示。

命令:pl PLINE （多段线）

指定起点: （指定任意点为起点）

当前线宽为 0.0000

指定下一个点或［圆弧(A)/半宽(H)/长度(L)/放弃(U)/宽度(W)］:500

（向上画 500）

指定下一点或［圆弧(A)/闭合(C)/半宽(H)/长度(L)/放弃(U)/宽度(W)］:300

（向左画 300）

指定下一点或［圆弧(A)/闭合(C)/半宽(H)/长度(L)/放弃(U)/宽度(W)］:1200

（向上画 1200）

指定下一点或［圆弧(A)/闭合(C)/半宽(H)/长度(L)/放弃(U)/宽度(W)］:300

（向左画 300）

指定下一点或［圆弧(A)/闭合(C)/半宽(H)/长度(L)/放弃(U)/宽度(W)］:1200
（向下画 1200）
指定下一点或［圆弧(A)/闭合(C)/半宽(H)/长度(L)/放弃(U)/宽度(W)］:1500
（向左画 1500）
指定下一点或［圆弧(A)/闭合(C)/半宽(H)/长度(L)/放弃(U)/宽度(W)］:1200
（向上画 1200）
指定下一点或［圆弧(A)/闭合(C)/半宽(H)/长度(L)/放弃(U)/宽度(W)］:300
（向左画 300）
指定下一点或［圆弧(A)/闭合(C)/半宽(H)/长度(L)/放弃(U)/宽度(W)］:1200
（向下画 1200）
指定下一点或［圆弧(A)/闭合(C)/半宽(H)/长度(L)/放弃(U)/宽度(W)］:300
（向左画 300）
指定下一点或［圆弧(A)/闭合(C)/半宽(H)/长度(L)/放弃(U)/宽度(W)］:500
（向下画 500）
指定下一点或［圆弧(A)/闭合(C)/半宽(H)/长度(L)/放弃(U)/宽度(W)］:600
（向右画 600）
指定下一点或［圆弧(A)/闭合(C)/半宽(H)/长度(L)/放弃(U)/宽度(W)］:250
（向上画 250）
指定下一点或［圆弧(A)/闭合(C)/半宽(H)/长度(L)/放弃(U)/宽度(W)］:1500
（向右画 1500）
指定下一点或［圆弧(A)/闭合(C)/半宽(H)/长度(L)/放弃(U)/宽度(W)］:250
（向下画 250）
指定下一点或［圆弧(A)/闭合(C)/半宽(H)/长度(L)/放弃(U)/宽度(W)］:600
（向右画 600）

命令:reg REGION　　　　　　　　　　　　（面域）
选择对象:指定对角点:找到 1 个
选择对象:　　　　　　　　　　　　（选择画出的 A-A 剖视图）
已提取 1 个环。
已创建 1 个面域。
命令:ext EXTRUDE　　　　　　　　　　　（延伸）
当前线框密度:ISOLINES＝4
选择要拉伸的对象:指定对角点:找到 1 个
选择要拉伸的对象:　　　　　　　　（选择画出的 A-A 剖视图）
指定拉伸的高度或［方向(D)/路径(P)/倾斜角(T)］<1800.0000>:4500
（输入延伸距离 4500）
　　(2) 画盖板，按 F5 键切换到左视图，如图 9.13 所示。
命令: rec RECTANG　　　　　　　　　　（矩形）

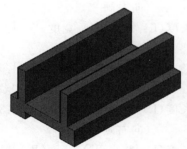

图 9.12 底板与侧墙

图 9.13 盖板

指定第一个角点或［倒角（C）/标高（E）/圆角（F）/厚度（T）/宽度（W）］：

指定另一个角点或［面积（A）/尺寸（D）/旋转（R）］：@2100,200

（输入相对坐标值@2100.200）

命令：ext EXTRUDE （延伸）

当前线框密度：ISOLINES＝4

选择要拉伸的对象：指定对角点：找到 1 个

选择要拉伸的对象： （选择画出的盖板）

指定拉伸的高度或［方向（D）/路径（P）/倾斜角（T）］＜4500.0000＞：4500 （输入延伸的距离）

命令：m MOVE （移动，如图 9.14 所示）

选择对象：指定对角点：找到 3 个

选择对象：找到 1 个，总计 4 个

选择对象：（选择画出的盖板移动到指定位置）

指定基点或［位移（D）］＜位移＞：指定第二个点或

＜使用第一个点作为位移＞：

9.2.3 出口段

（1）画出口段的扭面（按 F5 键切换到左视图）。

命令：pl PLINE （多段线）

指定起点：（指定任意点为起点）

图 9.14 中间段

当前线宽为 0.0000

指定下一个点或［圆弧（A）/半宽（H）/长度（L）/放弃（U）/宽度（W）］：1500

（向上画 1500）

指定下一点或［圆弧（A）/闭合（C）/半宽（H）/长度（L）/放弃（U）/宽度（W）］：300

（向右画 300）

指定下一点或［圆弧（A）/闭合（C）/半宽（H）/长度（L）/放弃（U）/宽度（W）］：@300,－1500

（输入相对坐标值@300,－1500）

指定下一点或［圆弧（A）/闭合（C）/半宽（H）/长度（L）/放弃（U）/宽度（W）］：500

（向下画 500）

指定下一点或［圆弧（A）/闭合（C）/半宽（H）/长度（L）/放弃（U）/宽度（W）］：2700

(向左画 2700)

指定下一点或［圆弧(A)/闭合(C)/半宽(H)/长度(L)/放弃(U)/宽度(W)］:500

(向上画 500)

指定下一点或［圆弧(A)/闭合(C)/半宽(H)/长度(L)/放弃(U)/宽度(W)］:@300,1500

(输入相对坐标值@300,1500)

指定下一点或［圆弧(A)/闭合(C)/半宽(H)/长度(L)/放弃(U)/宽度(W)］:300

(向右画 300)

指定下一点或［圆弧(A)/闭合(C)/半宽(H)/长度(L)/放弃(U)/宽度(W)］:1500

(向下画 1500)

指定下一点或［圆弧(A)/闭合(C)/半宽(H)/长度(L)/放弃(U)/宽度(W)］:1500

(向右画 1500)

命令:reg REGION   (面域)

选择对象:指定对角点:找到 1 个

选择对象: (选择画出的 A 面)

已提取 1 个环。

已创建 1 个面域。

命令:PLINE   (多段线)

指定起点: (指定任一点为起点)

当前线宽为 0.0000

指定下一个点或［圆弧(A)/半宽(H)/长度(L)/放弃(U)/宽度(W)］:2100

(向右画 2100)

指定下一点或［圆弧(A)/闭合(C)/半宽(H)/长度(L)/放弃(U)/宽度(W)］:500

(向上画 500)

指定下一点或［圆弧(A)/闭合(C)/半宽(H)/长度(L)/放弃(U)/宽度(W)］:@1500,1500

(输入相对坐标值@1500,1500)

指定下一点或［圆弧(A)/闭合(C)/半宽(H)/长度(L)/放弃(U)/宽度(W)］:300

(向左画 300)

指定下一点或［圆弧(A)/闭合(C)/半宽(H)/长度(L)/放弃(U)/宽度(W)］:

@-1500,-1500   (输入相对坐标值@-1500,1500)

指定下一点或［圆弧(A)/闭合(C)/半宽(H)/长度(L)/放弃(U)/宽度(W)］:1500

(向左画 1500)

指定下一点或［圆弧(A)/闭合(C)/半宽(H)/长度(L)/放弃(U)/宽度(W)］:

@-1500,1500   (输入相对坐标值@-1500,1500)

指定下一点或［圆弧(A)/闭合(C)/半宽(H)/长度(L)/放弃(U)/宽度(W)］:300

(向右画 300)

指定下一点或［圆弧(A)/闭合(C)/半宽(H)/长度(L)/放弃(U)/宽度(W)］:

@-1500,-1500   (输入相对坐标值@-1500,-1500)

指定下一点或［圆弧(A)/闭合(C)/半宽(H)/长度(L)/放弃(U)/宽度(W)］:500

命令：reg REGION　　　　　　　　　　　　（面域）（向下画500）

选择对象：指定对角点：找到 1 个

选择对象：　　　　　　　　　　　　　　　（选择画出 B 的面）

已提取 1 个环。

已创建 1 个面域。

　　断面如图 9.15 所示。

　　（2）按 F5 键切换到西南轴测视图。

命令：m MOVE　　　　（移动）

选择对象：指定对角点：找到 1 个

选择对象：（选中 B 面的中心点移动
到 A 面的中心点上）

指定基点或［位移（D）］＜位移＞：

指定第二个点或＜使用第一个点作
为位移＞：

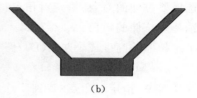

　　　　（a）　　　　　　　　　　（b）

图 9.15　断面

命令：m MOVE　　　　　　　　　　　　　　（移动）

选择对象：找到 1 个

选择对象：　　　　　　（选择 B 面打开极轴追踪和捕捉出现引线角度为＜－Z）

指定基点或［位移（D）］＜位移＞：指定第二个点或＜使用第一个点作为位移＞：2500

　　　　　　　　　　　　　　　　（输入距离 2500）

命令：loft　　　　　　　　　　　　　　　　　　（放样）

按放样次序选择横截面：找到 1 个

按放样次序选择横截面：找到 1 个，总计 2 个

按放样次序选择横截面：　　　　　　　　　（一次选择 A 面和 B 面）

输入选项［导向(G)/路径(P)/仅横截面(C)］＜仅横截面＞：

　　扭面形成如图 9.16 所示。

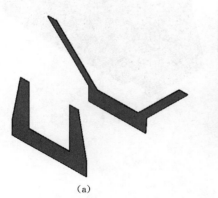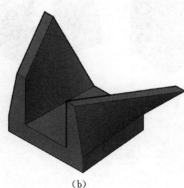

　　　（a）　　　　　　　　　　　　　（b）

图 9.16　扭面形成

9.2.4 布尔运算

1. 差集 （图9.17）按F5键切换到左视图。

命令:rec RECTANG   （矩形）
指定第一个角点或［倒角(C)/标高(E)/圆角(F)/厚度(T)/宽度(W)］:
指定另一个角点或［面积(A)/尺寸(D)/旋转(R)］:@1500,1200

　　　　　　　　　　　　　　　　　　（输入相对坐标值@1500,1200）

命令:ext EXTRUDE   （延伸）
当前线框密度:ISOLINES＝4
选择要拉伸的对象:指定对角点:找到1个
选择要拉伸的对象: （选择画出的矩形）
指定拉伸的高度或［方向(D)/路径(P)/倾斜角(T)］＜4500.0000＞:500（输入距离）
命令:m MOVE   （移动）
选择对象:指定对角点:找到1个
选择对象: （选择画出的矩形移动到指定位置）
指定基点或［位移(D)］＜位移＞:指定第二个点或＜使用第一个点作为位移＞:
命令:su SUBTRACT   （差集）
选择要从中减去的实体、曲面和面域...
选择对象:找到1个   （选择进口段）
选择对象:选择要减去的实体、曲面和面域...
选择对象:找到1个   （选择矩形）

2. 并集

把各部分移动到指定位置后并集，如图9.18所示。

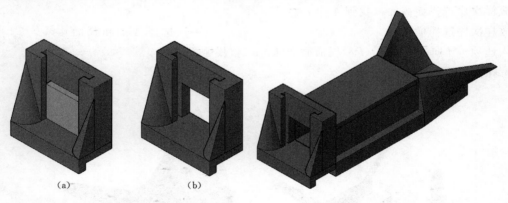

(a)　　　　　　　　　(b)

图9.17 差集　　　　　　　　　　　　　　图9.18 并集

第 10 章 常 用 操 作

　　AutoCAD 绘图时，为了方便执行外部命令和加速命令的键入，缩短命令的输入时间，以避免过度记忆一长串的命令，特别设置了快捷键和功能键。只有熟练地掌握常用的操作方法和技巧，才能提高绘图的速度。

10.1　快捷操作

10.1.1　快捷键

　　所谓快捷键，这里所指的是标准命令的缩写命令，见表 10.1。

表 10.1　　　　　　　　　　　　　　　　　AutoCAD 快捷键一览表

序号	快捷键	执行命令	命令说明	备注
1	A	ARC	弧	
2	ADC	ADCENTER	AutoCAD 设计中心	
3	AA	AREA	面积	
4	AR	ARRAY	阵列	
5	-AR	-ARRAY	指令式阵列	
6	AV	DSVIEWER	鸟瞰视景	
7	B	BLOCK	对话框式图块建立	
8	-B	-BLOCK	指令式图块建立	
9	BH	BHATCH	对话框式绘制剖面线	
10	BO	BOUNDARY	对话框式封闭边界建立	
11	-BO	-BOUNDARY	指令式封闭边界建立	
12	BR	BREAK	打断	
13	C	CIRCLE	圆	
14	CH	PROPERTIES	对话框式对象性质修改	
15	-CH	CHANGE	指令式性质修改	
16	CHA	CHAMFER	倒角	
17	CO	COPY	复制	
18	COL	COLOR	对话框式颜色设定	
19	D	DIMSTYLE	尺寸型式设定	
20	DAL	DIMALIGNED	对齐式线性标注	
21	DAN	DIMANGULAR	角度标注	

序号	快捷键	执行命令	命令说明	备注
22	DBA	DIMBASELINE	基线式标注	
23	DCE	DIMCENTER	中心标记标注	
24	DCO	DIMCONTINUE	连续式标注	
25	DDA	DIMDISASSOCIATE	取消关联的标注	
26	DDI	DIMDIAMETER	直径标注	
27	DED	DIMEDIT	尺寸修改	
28	DI	DIST	求两点间距离	
29	DIV	DIVIDE	等分布点	
30	DLI	DIMLINEAR	线性标注	
31	DO	DONUT	圆环（圈）	
32	DOR	DIMORDONATE	坐标式标注	
33	DOV	DIMOVERRIDE	更新标注变数	
34	DR	DRAWORDER	显示顺序	
35	DRA	DIMRADIUS	半径标注	
36	DRE	DIMREASSOCIATE	重新关联的标注	
37	DS	DSETTINGS	绘图设定	
38	DST	DIMSTYLE	尺寸型式设定	
39	DT	DTEXT	写入文字	
40	E	ERASE	删除对象	
41	ED	DDEDIT	单行文字修改	
42	EL	ELLIPSE	椭圆	
43	EX	EXTEND	延伸	
44	EXP	EXPSRT	输出资料	
45	F	FILLET	倒圆角	
46	FI	FILTER	过滤器	
47	G	GROUP	对话框式群组设定	
48	−G	−GROUP	指令式群组设定	
49	GR	DDGRIPS	掣点控制设定	
50	H	BHATCH	对话框式绘制剖面线	
51	−H	HATCH	指令式绘制剖面线	
52	HE	HATCHEDIT	编修剖面线	
53	I	INSERT	对话框式插入图块	
54	−I	−INSERT	指令式插入图块	
55	IAD	IMAGEADJUST	影像调整	
56	IAT	IMAGEATTACH	并入影像	

续表

序号	快捷键	执行命令	命令说明	备注
57	ICL	IMAGECLIP	截取影像	
58	IM	IMAGE	对话框式贴附影像	
59	—IM	—IMAGE	贴附影像	
60	IMP	IMPORT	输入资料	
61	L	LINE	直线	
62	LA	LAYER	对话框式图层控制	
63	—LA	—LAYER	指令式图层控制	
64	LE	LEADER	引导线标注	
65	LEN	LENGTHEN	长度调整	
66	LI	LIST	查询对象资料	
67	LO	—LAYOUT	配置设定	
68	LS	LIST	查询对象资料	
69	LT	LINETYPE	对话框式线型载入	
70	—LT	—LINETYPE	指令式线型载入	
71	LTYPE	LINETYPE	对话框式线型载入	
72	—LTYPE	—LINETYOE	指令式线型载入	
73	LTS	LTSCALE	线型比例设定	
74	LW	LWEIGHT	线宽设定	
75	M	MOVE	移动	
76	MA	MATCHPROP	对象性质复制	
77	ME	MEASURE	量测等距布点	
78	MI	MIRROR	镜像	
79	ML	MLINE	绘制多线	
80	MO	PROPERTIES	图元性质修改	
81	MS	MSPACE	切换至模型空间	
82	MT	MTEXT	多行文字写入	
83	MV	MVIEW	浮动视埠	
84	O	OFFSET	偏移复制	
85	OP	OPTIONS	环境选项	
86	OS	OSNAP	对话框式对象捕捉设定	
87	—OS	—OSNAP	指令式对象捕捉设定	
88	P	PAN	即时平移	
89	—P	—PAN	两点式平移控制	
90	PA	PASTESPEC	选择性贴上	
91	PE	PEDIT	编辑聚合线（多段线）	

续表

序号	快捷键	执行命令	命令说明	备注
92	PL	PLINE	绘制聚合线（多段线）	
93	PO	POINT	绘制点	
94	POL	POLYGON	绘制正多边形	
95	PR	OPTIONS	环境选项	
96	PRCLOSE	PROPERTIESCLOSE	开关图元性质修改对话框	
97	PROPS	PROPERTIES	图元性质修改	
98	PRE	PREVIEW	输出预览	
99	PRINT	PLOT	绘图输出	
100	PS	PSPACE	图纸空间	
101	PU	PURGE	肃清无用对象	
102	—PU	—PURGE	指令式肃清无用对象	
103	R	REDRAW	重画	
104	RA	REDRAWALL	所有视埠重画	
105	RE	REGEN	重生	
106	REA	REGENALL	所有视埠重生	
107	REC	RECTANGLE	绘制矩形	
108	REG	REGION	2D 面域	
109	REN	RNAME	对话框式更名	
110	—REN	—RENAME	指令式更名	
111	RM	DDRMODES	绘图辅助设定	
112	RO	ROTATE	旋转	
113	S	STRETCH	拉伸	
114	SC	SCALE	比例缩放	
115	SCR	SCRIPT	呼叫剧本档	
116	SE	DSETTINGS	绘图设定	
117	SET	SETVAR	设定变数值	
118	SN	SNAP	捕捉点控制	
119	SO	SOLID	填充的三边或四边形	
120	SP	SPELL	拼字	
121	SPE	SPLINEDIT	编修云型线	
122	SPL	SPLINEDIT	云型线	
123	ST	STYLE	字型设定	
124	T	MTEXT	对话框式多行文字写入	
125	—T	—MTEXT	指令式多行文字写入	
126	TA	TABLET	数位板规划	

序号	快捷键	执行命令	命令说明	备注
127	TI	TILEMODE	图纸空间 & 模型空间设定切换	
128	TM	TILEMODE	图纸空间 & 模型空间设定切换	
129	TO	TOOLBAR	工具列设定	
130	TOL	TOLERANCE	公差符号标注	
131	TR	TRIM	修剪	
132	UN	UNITS	对话框式单位设定	
133	−UN	−UNITS	指令式单位设定	
134	V	VIEW	对话框视景控制	
135	−V	−VIEW	视景控制	
136	W	WBLOCK	对话框式图块写出	
137	−W	−WB；OCK	指令式图块写出	
138	X	EXPLODE	炸开	
139	XA	XATTACH	贴附外部参考（参照）	
140	XB	XBIND	并入外部参考	
141	−XB	−XBIND	文字式并入外部参照	
142	XC	XCLIP	截取外部参考	
143	XL	XLINE	构造线	
144	XR	XREF	对话框式外部参考控制	
145	−XR	−XREF	指令式外部参照控制	
146	Z	ZOOM	视埠（视口）缩放控制	

10.1.2　功能键

键盘上的功能键和组合键，可统称为功能键。其名称、功能和作用见表 10.2。

表 10.2　　　　　　　　　　　**AutoCAD 功能键一览表**

类别	序号	键名	功能和作用	备注
键盘功能键	1	ESC	Cancel＜取消命令执行＞	状态栏
	2	F1	帮助(用户文档)HELP	
	3	F2	图形与文本窗口切换	
	4	F3	对象捕捉＜开 or 关＞	
	5	F4	打开数字化仪开关	
	6	F5	等轴测平面＜上/右/左＞	
	7	F6	坐标显示＜开 or 关＞	
	8	F7	栅格显示＜开 or 关＞	
	9	F8	正交(垂直水平)模式＜开 or 关＞	
	10	F9	捕捉模式＜开 or 关＞	
	11	F10	极轴追踪＜开 or 关＞	
	12	F11	对象追踪＜开 or 关＞	
	13	F12	动态输入＜开 or 关＞	

类别	序号	键名	功能和作用	备注
	14	Ctrl+0	清除屏幕＜开 or 关＞	
	15	Ctrl+1	特性(Propertices)＜开 or 关＞	
	16	Ctrl+2	AutoCAD 设计中心＜开 or 关＞	
	17	Ctrl+3	工具选项板(Toolpalettes)＜开 or 关＞	
	18	Ctrl+4	图纸集管理器 SheetSet ＜开 or 关＞	
	19	Ctrl+5	信息选项板 Assist ＜开 or 关＞	
	20	Ctrl+6	数据库连接管理器＜开 or 关＞	
	21	Ctrl+7	标记集管理器 Markup ＜开 or 关＞	
	22	Ctrl+8	快速计算器＜开 or 关＞	
	23	Ctrl+9	隐藏命令行窗口＜开 or 关＞	
	24	Ctrl+A	选取全部对象	
	25	Ctrl+B	捕捉模式＜开 or 关＞,功能同 F9	
	26	Ctrl+C	复制内容到剪贴板内	
	27	Ctrl+D	坐标显示＜开 or 关＞,功能同 F6	
组	28	Ctrl+E	等轴测平面＜上/右/左＞,功能同 F5	
合	29	Ctrl+F	对象捕捉＜开 or 关＞,功能同 F3	
功	30	Ctrl+G	栅格显示＜开 or 关＞,功能同 F7	
能	31	Ctrl+H	输入 PickStyle 的新值＜开 or 关＞	
键	32	Ctrl+J	CopyClip 复制内容到剪贴板	
	33	Ctrl+K	超链接	
	34	Ctrl+L	正交(垂直水平)模式,功能同 F8	
	35	Ctrl+M	同[Enter]功能键	
	36	Ctrl+N	New 新图	
	37	Ctrl+O	打开(Open)"选择文件"对话框	
	38	Ctrl+P	Plot 绘图输出	
	39	Ctrl+Q	退出(Quit)AutoCAD	
	40	Ctrl+S	图形保存(Qsave)	
	41	Ctrl+T	数字化仪＜开 or 关＞	
	42	Ctrl+U	极轴追踪＜开 or 关＞,功能同 F10	
	43	Ctrl+V	PasteClip 粘贴上剪贴板的内容	
	44	Ctrl+W	对象追踪＜开 or 关＞,功能同 F11	
	45	Ctrl+X	CutClip 剪下内容到剪贴板内或◎＜删除＞	
	46	Ctrl+Y	Redo 取消上一次的 Undo 操作	
	47	Ctrl+Z	Undo 取消上一次的命令操作	
	48	Ctrl+Shift+C	以基准点复制	

类别	序号	键名	功能和作用	备注
	49	Ctrl+Shift+S	图形另存为	
	50	Ctrl+Shift+V	粘贴为图块	
	51	Alt+F8	调出"宏"对话框（VBA 巨集管理员 Vbarun）	
	52	Alt+F11	AutoCAD & VBA 新编器画面切换	
组	53	Alt+F	【文件】POP1 下拉式菜单	
合	54	Alt+E	【编辑】POP2 下拉式菜单	
功	55	Alt+V	【视图】POP3 下拉式菜单	
能	56	Alt+I	【插入】POP4 下拉式菜单	
键	57	Alt+O	【格式】POP5 下拉式菜单	
	58	Alt+T	【工具】POP6 下拉式菜单	
	59	Alt+D	【绘图】POP7 下拉式菜单	
	60	Alt+N	【标注】POP8 下拉式菜单	
	61	Alt+M	【修改】POP9 下拉式菜单	
	62	Alt+W	【窗口】POP10 下拉式菜单	
	63	Alt+H	【帮助】POP11 下拉式菜单	

10.1.3 系统变量

在命令"Setvar"后键入"?"即可显示全部的系统变量，其中一部分不能修改，只能读取（read only），大部分能修改的变量，也可以在对话框中修改。我们把 AutoCAD 的系统变量整理分类，如表 10.3 所示（尺寸变量的系统变量没有列入表内）。

表 10.3 系 统 变 量

序号	系统变量名称	当前默认值	功能说明
1	ACADPREFIX		（read only）
2	ACADVER	"14.0"	（read only）
3	ACISOUTVER	16	（read only）
4	AFLAGS	0	设置特性定义的特殊码
5	ANGBASE	0	设置关于当前 UCS 的 0 角度方向
6	ANGDIR	0	设置关于当前 UCS 的从 0 角度出发的正方向
7	APBOX	0	打开或关闭 AutoSnap 框
8	APERTURE	10	设置目标捕捉的目标高度，单位为像素
9	AREA	0.0000	（read only）
10	ATTDIA	0	控制 Insert 是否使用对话框进行特性值输入
11	ATTMODE	1	控制特性的显示

序号	系统变量名称	当前默认值	功 能 说 明
12	ATTREQ	1	控制 Insert 在块插入时是否使用特性设置
13	AUDITCTL	0	控制 AUDIT 是否建立 ADT 文件
14	AUNITS	0	设置角度的单位
15	AUPREC	0	设置角度单位的小数数位
16	AUTOSNAP	7	控制 AutoSnap 标记和 SnapTips 的显示，并可打开或关闭 AutoSnap
17	BACKZ	0.0000	(read only)
18	BLIPMODE	0	控制标记是否可见
19	CDATE	20000901.11	(read only)
20	CECOLOR	"BYLAYER"	设置新物体的颜色
21	CELTSCALE	1.0000	设置当前物体的线段的缩放比例
22	CELTYPE	"BYLAYER"	设置新物体的线性
23	CHAMFERA	0.5000	设置倒角第一个边的倒角距离
24	CHAMFEEB	0.5000	设置倒角第二个边的倒角距离
25	CHAMFEEC	1.0000	设置倒角长度
26	CHAMFEEBD	0	设置倒角角度
27	CHAMMODE	0	设置 AutoCAD 倒角的输入方式
28	CIRCLERAD	0.0000	设置默认圆的半径
29	CLAYER	"0"	设置当前层
30	CMDACTIVE	1	(read only)
31	CMDDIA	1	控制是否打开用于 Plot 和外部数据库命令的对话框
32	CMDECHO	1	控制在 AutoLISP（命令）函数中 AutoCAD 是否回显提示和输入
33	CMDNAMES	"SETVAR"	(read only)
34	CMLJUST	0	控制结构线的对齐方式
35	CMLSCALE	1.0000	控制整个结构线的宽度
36	CMLSTY	"STANDARD"	设置结构线的形式（名称）
37	COORDS	1	控制更新状态行上的坐标
38	CURSORSIZE	5	控制十字光标的尺寸，其值位屏幕尺寸的百分比
39	CVPORT	2	设置当前识区的标识号
40	DAT	2451789.46705359	(read only)

续表

序号	系统变量名称	当前默认值	功 能 说 明
41	DBMOD	4	(read only)
42	DCTCUST	" C：/PRO-GRAM/FILES/AUTOCAD/2002s/support/sample. cus"	
43	DCTMAIN	"enu"	显示当前主拼写字典的路径和文件名
44	DELOBJ	1	控制从图形数据库中保留或删除建立的对象
45	DEMANDLOAD	3	在引用程序中建立包含定制对象的图形时，设置是否要求何时要求 AutoCAD 加载第三方应用程序
46	DIASTAT	1	(read only)
47	DISPSILH	0	控制在线框模式下图素轮廓曲线的显示
48	DISTANCE	0. 0000	(read only)
49	DONUTID	0. 5000	设置圆环内径的默认值
50	DONUTOD	1. 0000	设置圆环外径的默认值
51	DRAGMODE	2	控制拖动图素的显示
52	DRAGP1	10	设置重显拖动输入取样的速率
53	DRAGP2	25	设置快速拖动输入取样的速率
54	DWGCODEPAGE	"ANSI _ 936"	(read only)
55	DWGNAME	"Drawing. dwg"	(read only)
56	DWGPREFIX	" C：/Program FILES/Auto-CAD 2002/"	(read only)
57	DWGTITLED	0	(read only)
58	EDGEMODE	0	控制如何确定 Trim 和 Extend 命令的剪切边界
59	ELEVATION	0	存储当前空间相对于当前 UCS 的基面标高
60	EXPERT	0	控制发出某些命令的提示
61	EXPLMODE	1	控制 Explode 是否支持非一致的比例缩放块
62	EXTMAX	$-1.0000E+20$, $-1.0000E+20$, $-1.0000E+20$	(read only)
63	EXTMIN	0	(read only)
64	FACETRATIO	0. 5000	控制圆柱和圆锥 ACIS 实体的高宽比
65	FACETRES	1	调整带阴影和重画的图素以及消隐图素的平滑程度
66	FILEDIA	0. 5000	禁止文件对话框的显示

序号	系统变量名称	当前默认值	功　能　说　明
67	FILLETRAD	1	存储当前的圆角半径
68	FILLMODE	"simplex. shx"	设置由实体填充建立的物体是否显示填充
69	FONTALT	" C：/Program FILES/Auto-CAD 2002/sup-port/acad. fmp"	在未找到指定的字体文件时，设置是否使用替代字体
70	FONTMAP	0. 0000	指定使用字体的映像文件
71	FRINTZ	0	(read only)
72	GRIDMODE	0	设置是否打开或关闭网店
73	GRIDUNIT	0. 5000，0. 5000	设置当前视区的网点间距
74	GRIPBLOCK	0	控制块中的特征点的显示
75	GRIPCOLOR	5	控制非特征点（以边框轮廓画出）的颜色
76	GRIPHOT	1	控制特征点（以填充形式画出）的颜色
77	MAXSORT	200	设置列表命令分类的最多符号名或文件名的数目
78	MEASUREINIT	1	
79	MEASUREMENT	0	设置绘图的单位为英制或公制
80	MENUCTL	1	控制屏幕菜单的开关
81	MENUECHO	0	设置菜单回显和提示控制
82	MENUNAME	" C：/PROGRAM FILES/AUTO-CAD2002/sup-port/acad"	(read only)
83	MIRRTEXT	1	设置镜像操作时的文本反射
84	MODEMACRO	""	在状态行显示文本字符串
85	MTEXTED	"Internal"	设置编辑多行文本使用的程序名称
86	OFFSETDIST	1. 0000	设置默认偏移距离
87	OLEHIDE	0	控制 AutoCAD 嵌入物体的显示
88	ORTHOMODE	0	设置光标正交移动
89	OSMODE	0	设置运行捕捉模式
90	OSNAPCOORD	2	控制在命令行输入的坐标是否覆盖连续的物体捕捉
91	PDMODE	0	控制如何现实点的类型
92	PDSIZE	0. 0000	设置点的显示尺寸
93	PELLIPSE	0	控制椭圆的类型
94	PERIMETER	0. 0000	(read only)
95	PEACEVMAX	4	(read only)
96	PICKDD	1	控制添加物体的选择方式

续表

序号	系统变量名称	当前默认值	功 能 说 明
97	PICKAUTO	1	控制选择物体的自动窗口
98	PICKBOX	3	设置物体的选择的目标高度
99	PICKDRAG	0	控制绘制物体选择窗口的方法
100	PICKFIRST	1	控制选择物体在命令之前或之后
101	PICKSTYLE	1	控制项目组选择和关联填充阴影选择的使用
102	PLATFORM	"Microsoft Windows Version4.0 (x86)"	(read only)
103	PLINEGEN	0	设置如何沿二维多段线的顶点生成线性图案
104	PLINETLYPE	2	设置 AutoCAD 是否使用优化的二维多段线
105	PLINEWID	0.0000	存储默认的多段线的线宽
106	PLOTID	" Dfault Symstem Printer"	默认系统绘图（打印）机
107	PLOTROTMODE	1	控制绘图的输出方向
108	PLOTTER	0	基于赋予的整数改变默认的绘图（打印）机
109	POLYSIDES	4	是指多边形的默认边数
110	MAXACTVP	48	设置一次激活的最多视区数目
111	MAXSOPT	200	设置列表命令分类的最多符号名或文件的数目
112	MEASUREINIT	1	
113	MEASUREMENT	0	设置绘图的单位为英制或公制
114	MENUCTL	1	控制屏幕菜单的开关
115	MENUECHO	0	设置菜单回显和提示控制
116	MENUNAME	"C：/PROGRAM FILES/AUTO-CAD2002/support/acad"	(read only)
117	MIRRTEXT	1	设置镜像操作时的文本反射
118	MODEMACRO	""	在状态行显示文本字符串
119	MTEXTED	"Internal"	设置编辑多行文字使用的程序名称
120	OFFSETDIST	1.0000	设置默认偏移距离
121	OLEHIDE	0	控制 AutoCAD 嵌入物体的显示
122	ORTHOMODE	0	设置光标正交移动
123	OSMODE	0	设置运行捕捉模式
124	OSNAPCOORD	2	控制在命令行输入的坐标是否覆盖连续的物体捕捉
125	PDMODE	0	控制如何显示点的类型
126	PDSIZE	0.0000	设置点的显示尺寸
127	PELLIPSE	0	控制椭圆的类型

序号	系统变量名称	当前默认值	功 能 说 明
128	PERIMETER	0.0000	(read only)
129	PFACEVMAX	4	(read only)
130	PICKADD	1	控制添加物体的选择方式
131	PICKAUTO	1	控制选择物体的自动窗口
132	PICKBOX	3	设置物体的选择的目标高度
133	PICKDRAG	0	控制绘制物体选择窗口的方法
134	PICKFIRST	1	控制选择物体在命令之前或之后
135	PICKSTYLE	1	控制项目组选择和关联填充阴影选择的使用
136	PLATFORM	"Microsoft Windows Verison4.0 (x86)"	(read only)
137	PLINEGEN	0	设置如何沿二维多段线的顶点生成线性图案
138	PLINETYPE	2	设置 AutoCAD 是否使用优化的二维多段线
139	PLINEWID	0.0000	存储默认的多段线宽度
140	PLOTID	"Default System Printer"	默认系统绘图（打印）机
141	PLOTROTMODE	1	控制绘图输出的方向
142	PLOTTER	0	基于赋予的整数改变默认的绘图（打印）机
143	POLYSIDES	4	设置多边形的默认边数
144	POPUPS	1	(read only)
145	PROJECTNAME	""	存储当前项目名称
146	PROJMODE	1	设置剪切或拉伸的模式
147	PROXYGRAPAPHICS	1	设置代理的图像是否存储在图像中
148	PROXYNOTICE	1	当打开应用程序而该应用程序不存在时，显示注意信息
149	PROXYSHOW	1	控制图形中代理图素的显示
150	PSLTSCALE	1	控制图纸空间现行比例缩放
151	PSQUALITY	""	当使用 Psout 命令时，设置是否给从 acad.psf 文件读取的序言部分赋名
152	PSQUALITY	75	控制 PostScript 图像的输出质量
153	QTEXTMODE	0	控制如何显示文本
154	RASTERPREVIEQ	1	控制图形预览图像是否与图形一起存储并设置其格式类型
155	REGENMODE	1	控制图形的自动重新生成
156	RTDISPLAY	1	当实时缩放时，控制光栅图像的显示
157	SAVEFILE	"auto.sv$"	(read only)
158	SAVENAME	""	(read only)
159	SAVETIME	120	以分钟为单位设置自动重新存储间隔

续表

序号	系统变量名称	当前默认值	功 能 说 明
160	SCREENBOXES	0	(read only)
161	SCREENMODE	3	(read only)
162	SCREENSIZE	462.0000，245.000	(read only)
163	SHADEDGE	3	控制重画时边缘的阴影
164	SHADEIF	70	设置漫射反射光到环境光线的比率
165	SHPNAME	" "	设置一个默认的图形名
166	SKETCHINC	0.1	设置 Sketch 的记录增量
167	SKPOLY	0	设置 Sketch 生成直线或多段线
168	SNAPANG	0	设置当前视区的捕捉和特征点的旋转角度
169	SNAPBASE	0	设置当前视区的捕捉和特征点的原点
170	SNAPISOPAIR	0.5000，0.5000	控制当前视区的轴测面
171	SNAPMODE	96	设置打开或关闭捕捉模式
172	SNAPSTYL	0	设置当前视区的捕捉类型
173	SNAPUNIT	8	设置当前视区的捕捉间距
174	SORTENTS	6	控制 Options 命令物体的排序操作
175	SPLFRAME	0	控制多段线样条拟合的显示
176	SPLINESEGS	8	设置多段线样条拟合生成的线段数目
177	SPLINETYPE	6	设置多段线样条拟合的类型
178	SURFTAB1	6	设置 M 向的网格密度
179	SURFTAB2	6	设置 N 向的网格密度
180	SURFTYPE	6	控制曲面拟合的类型
181	SURFU	6	设置 M 向的曲面密度
182	SURFV	6	设置 N 向的曲面密度
183	SYSCODEPAGE	"ANSI _ 936"	(read only)

10.2　实操图样

　　为了给专业技术人员提供操作的方便，现将十年来研究的工程图样分类整理汇编，只有熟记快捷命令，反复上机实际操作，不断总结经验，从中掌握技巧，才能灵活掌握和运用 CAD 实操技术。常见的工程图样如图 10.1～图 10.60 所示。具体可分为 6 类。

　　A 类为水利工程中的挡水建筑物（图 10.1～图 10.10）；

　　B 类为水利工程中的输水建筑物（图 10.11～图 10.20）；

　　C 类为钢筋混凝土结构图（图 10.21～图 10.30）；

　　D 类为房屋建筑图（图 10.31～图 10.40）；

　　E 类为三维实体建模（图 10.41～图 10.50）；

　　F 类为园林工程、路桥工程和机械图（图 10.51～图 10.60）。

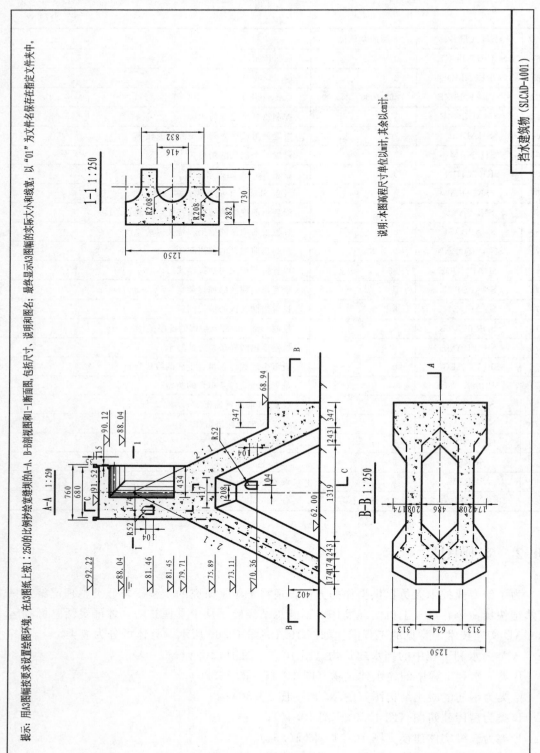

图 10.1　挡水建筑物（SLCAD-A001）

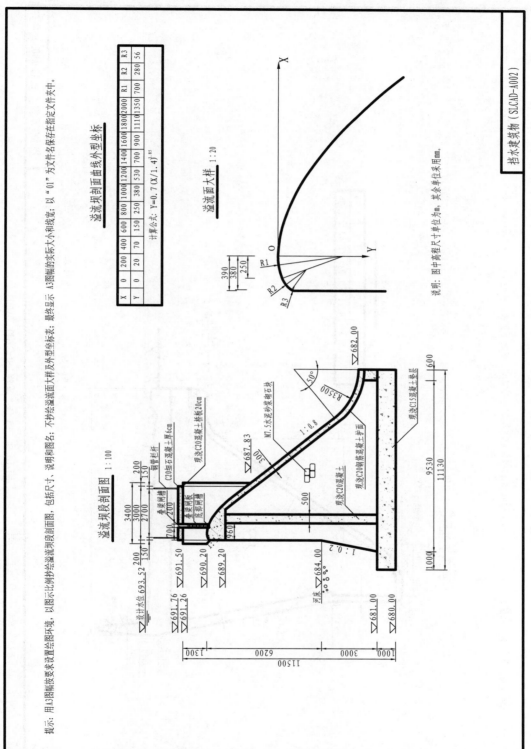

提示：用 A3 图幅按要求设置绘图环境，以图示比例绘制溢流坝段剖面图，包括尺寸、说明和图名；不补绘溢流面大样及外型坐标表；最终显示 A3 图幅的实际大小和线宽；以 "01" 为文件名保存在指定文件夹中。

溢流坝剖面曲线外型坐标

X	0	200	400	600	800	1000	1200	1400	1600	1800	2000	R1	R2	R3
Y	0	20	70	150	250	380	530	700	900	1110	1350	700	280	56

计算公式：$Y=0.7(X/1.4)^{1.85}$

溢流面大样 1:20

说明：图中高程尺寸单位为 m，其余单位采用 mm。

溢流坝段剖面图 1:100

图 10.2 挡水建筑物（SLCAD－A002）

挡水建筑物（SLCAD－A002）

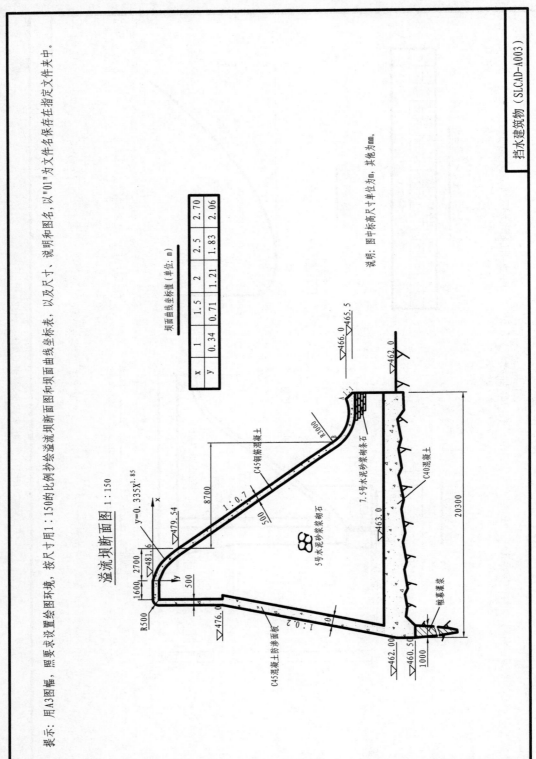

提示：用A3图幅，照要求设置绘图环境，按尺寸用1∶150的比例抄绘溢流坝断面图和坝面曲线坐标表，以及尺寸、说明和图名，以"01"为文件名保存在指定文件夹中。

溢流坝断面图 1∶150

坝面曲线坐标值（单位：m）

x	1	1.5	2	2.5	2.70
y	0.34	0.71	1.21	1.83	2.06

说明：图中标高尺寸单位为m，其他为mm。

$y=0.335X^{1.85}$

▽466.0　▽465.5

▽462.0

R3000

C45钢筋混凝土

7.5号水泥砂浆砌条石

1∶0.7

500

8700

5号水泥砂浆砌石

▽463.0

C40混凝土

20300

帷幕灌浆

▽462.00
▽460.50
1000

▽476.0

C45混凝土防渗面板

1∶0.2

R500

1600 2700 500

▽481.6

▽479.54

挡水建筑物（SLCAD-A003）

图 10.3　挡水建筑物（SLCAD－A003）

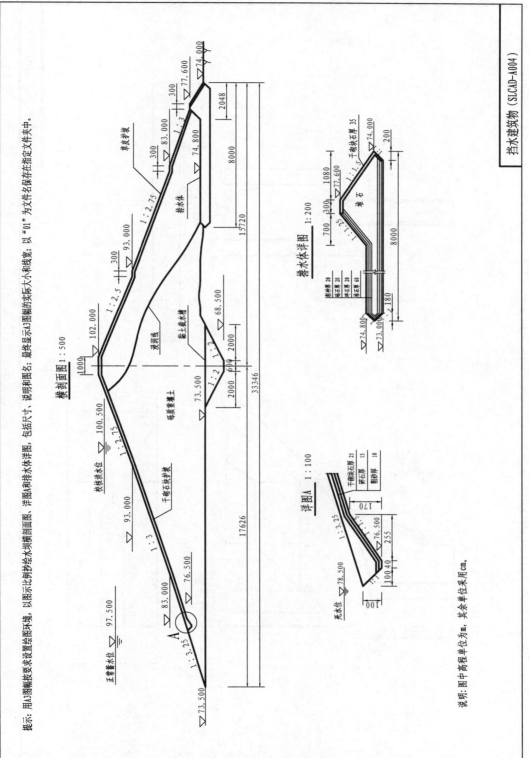

图 10.4 挡水建筑物(SLCAD - A004)

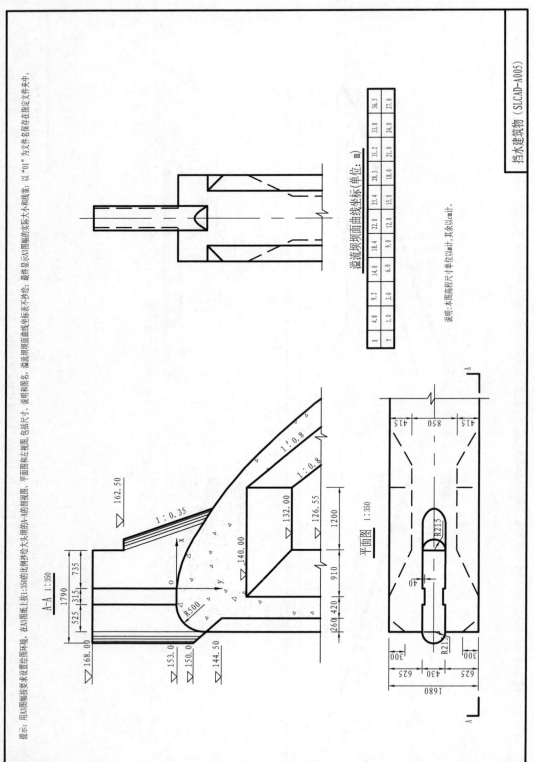

提示：用A3图幅按要求设置绘图环境，在A3图纸上按1:350的比例抄绘大头坝的A-A的剖视图、平面图和左视图，包括尺寸、说明和图名。溢流坝顶面曲线坐标表不抄绘；最终显示图幅的实际大小和变变。以"01"为文件名保存在指定文件夹中。

溢流坝顶面曲线坐标（单位：m）

X	4.8	9.2	14.0	18.4	22.0	25.4	28.3	31.2	33.8	36.5
Y	1.0	3.0	6.0	9.0	12.0	15.0	18.0	21.0	24.0	27.0

说明：本图高程尺寸单位以m计，其余以cm计。

图 10.5　挡水建筑物（SLCAD－A005）

挡水建筑物（SLCAD－A005）

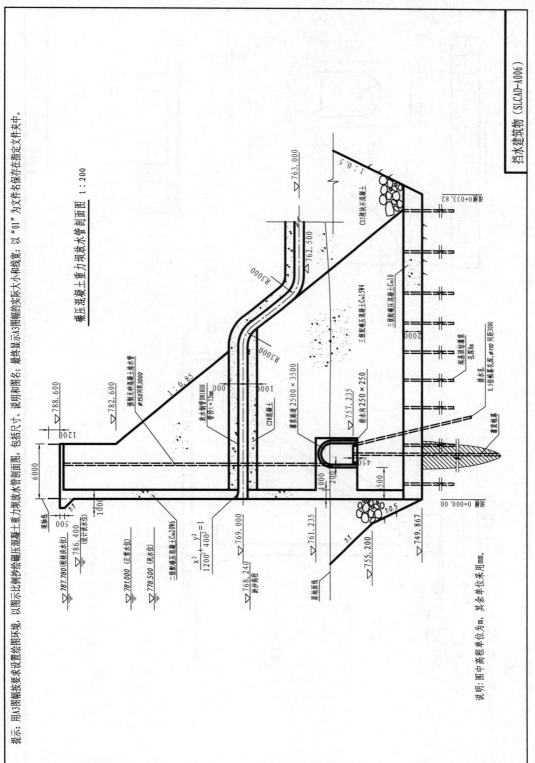

图 10.6 挡水建筑物 (SLCAD–A006)

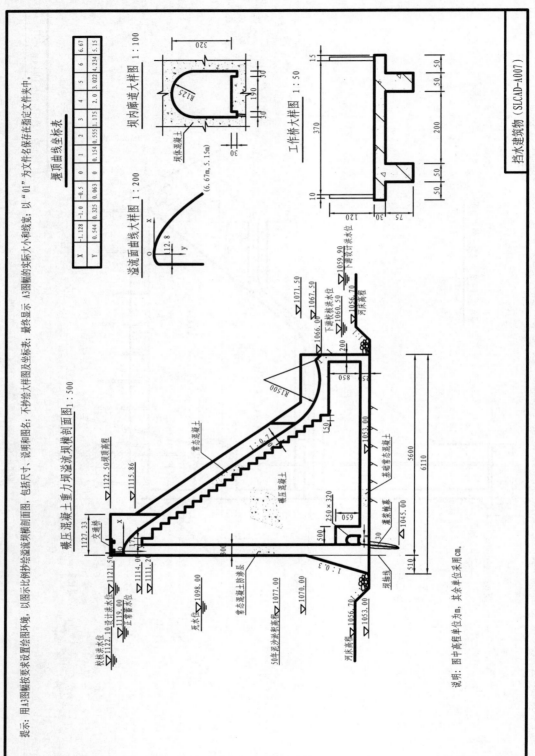

图 10.7　挡水建筑物（SLCAD－A007）

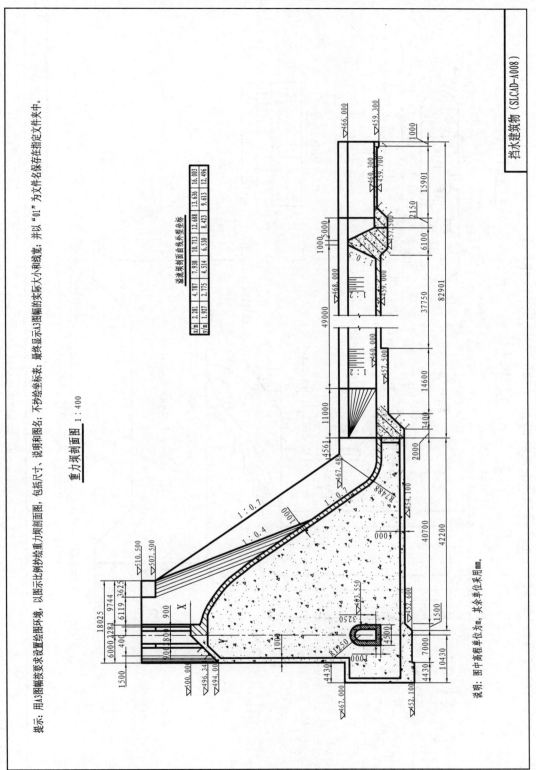

重力坝剖面图 1 : 400

提示：用A3图幅按要求设置绘图环境，以图示比例抄绘重力坝剖面图，包括尺寸、说明和图名；不抄绘坐标表；最终显示A3图幅的实际大小和线宽；并以"01"为文件名保存在指定文件夹中。

溢流坝面曲线坐标

X/m	1.927	2.775	4.514	6.530	8.423	9.613	12.496
Y/m	2.281	4.787	7.938	10.713	12.688	13.636	16.003

说明：图中高程单位为m，其余单位采用mm。

图 10.8　挡水建筑物（SLCAD－A008）

挡水建筑物（SLCAD－A008）

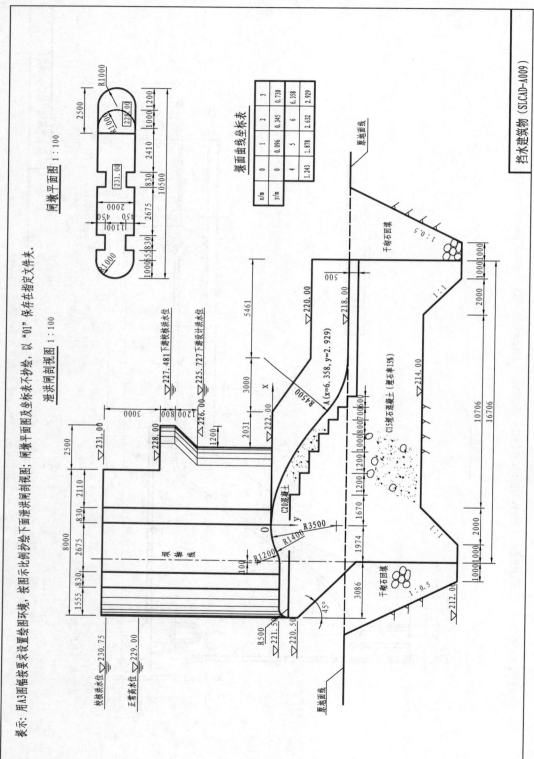

堰面曲线坐标表

x/m	0	1	2	3
	0	0.096	0.345	0.730
y/m	4	5	6	6.358
	1.243	1.878	2.632	2.929

图 10.9　挡水建筑物（SLCAD－A009）

挡水建筑物（SLCAD-A009）

提示：用A3图幅按要求设置绘图环境，按图示比例抄绘下面进洪闸剖视图、闸墩平面图；闸墩平面图及坐标表不抄绘，以"01"保存在指定文件夹。

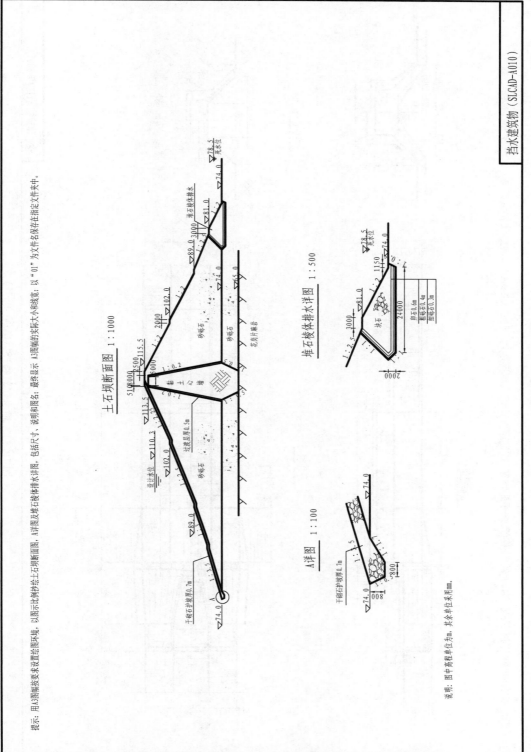

图 10.10 挡水建筑物（SLCAD-A010）

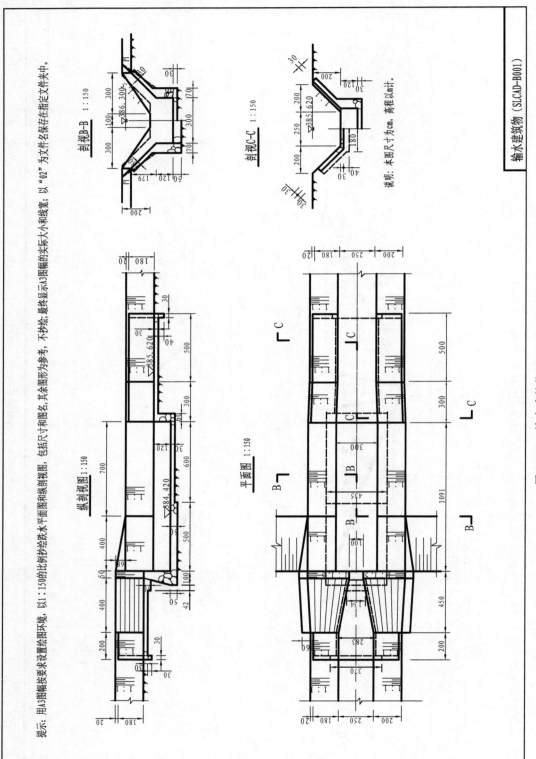

图 10.11 输水建筑物 (SLCAD - B001)

输水建筑物 (SLCAD-B001)

提示: 用A3图幅按要求设置绘图环境, 以1:150的比例抄绘跌水平面图和纵端剖视图, 包括尺寸和图名, 其余图形为参考, 不抄绘; 最终显示A3图幅的实际大小和粗线宽; 以 "02" 为文件名保存在指定文件夹中。

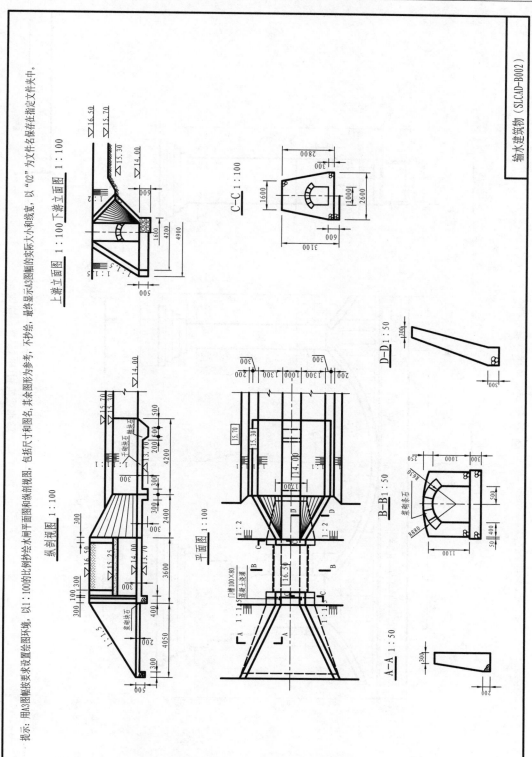

图 10.12 输水建筑物（SLCAD－B002）

提示：用A3图幅按要求设置绘图环境，以1:100的比例抄绘水闸平面图和纵剖视图，包括尺寸和图名，其余图形为参考，不抄绘，最终显示A3图幅的实际大小和线宽，以"02"为文件名保存在指定文件夹中。

输水建筑物（SLCAD-B002）

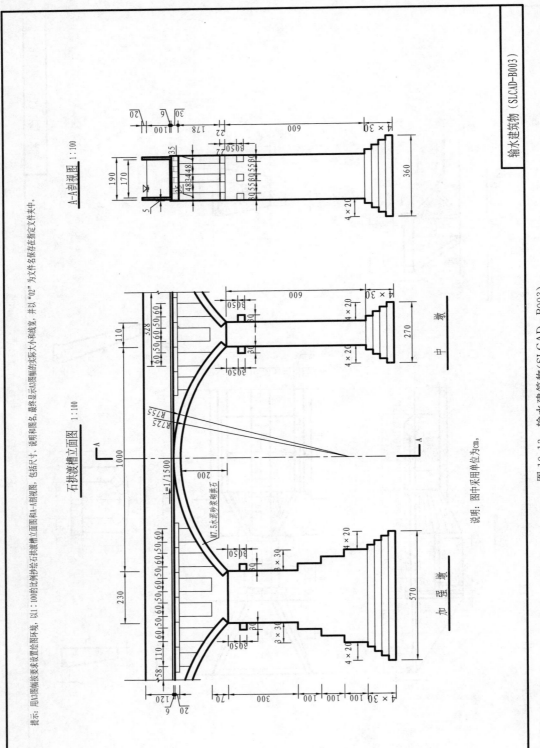

图 10.13 输水建筑物（SLCAD-B003）

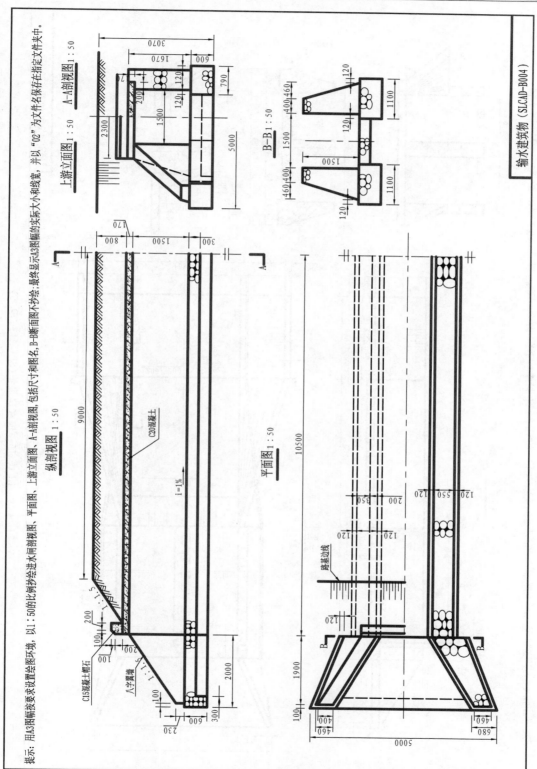

图 10.14 输水建筑物(SLCAD-B004)

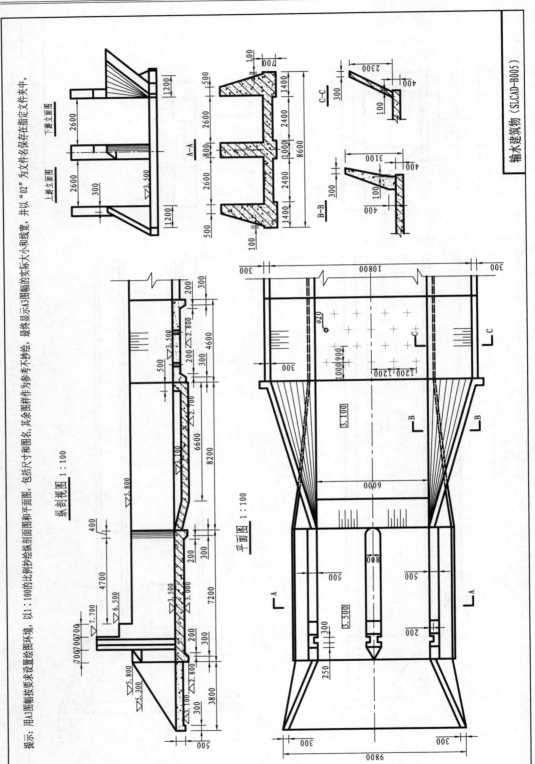

图10.15 输水建筑物（SLCAD-B005）

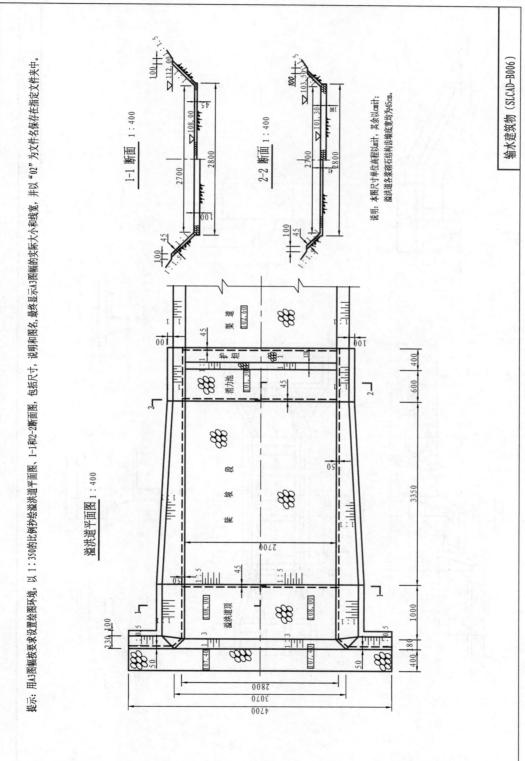

图 10.16 输水建筑物（SLCAD-B006）

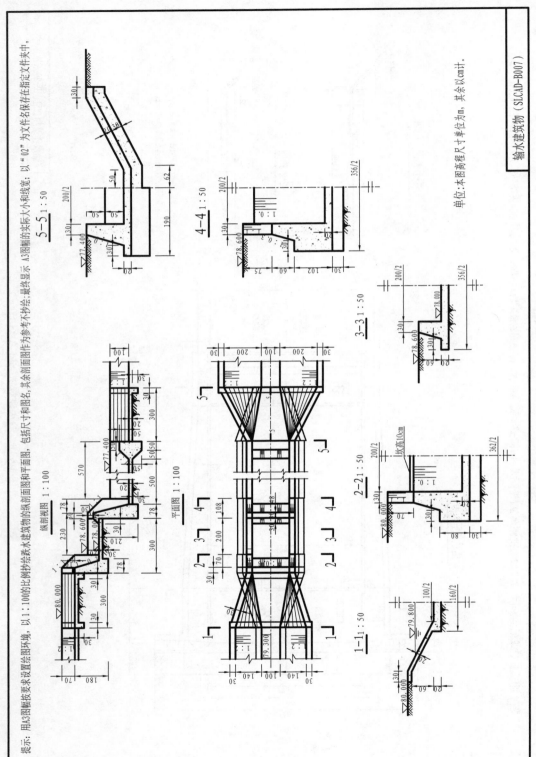

图 10.17　输水建筑物（SLCAD–B007）

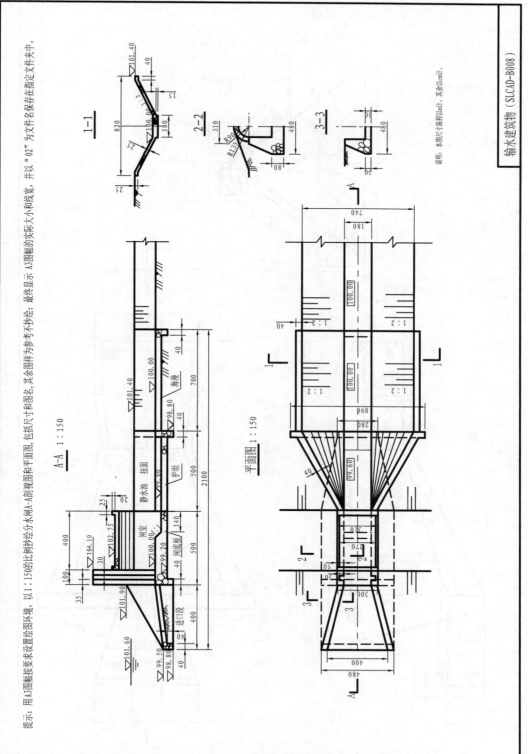

图 10.18　输水建筑物（SLCAD-B008）

提示：用A3图幅按要求设置绘图环境，以1:150的比例抄绘分水闸A-A剖视图和平面图，包括尺寸和图名，其余图样为参考不抄绘；最终显示A3图幅的实际大小和线宽，并以"02"为件名保存在指定文件夹中。

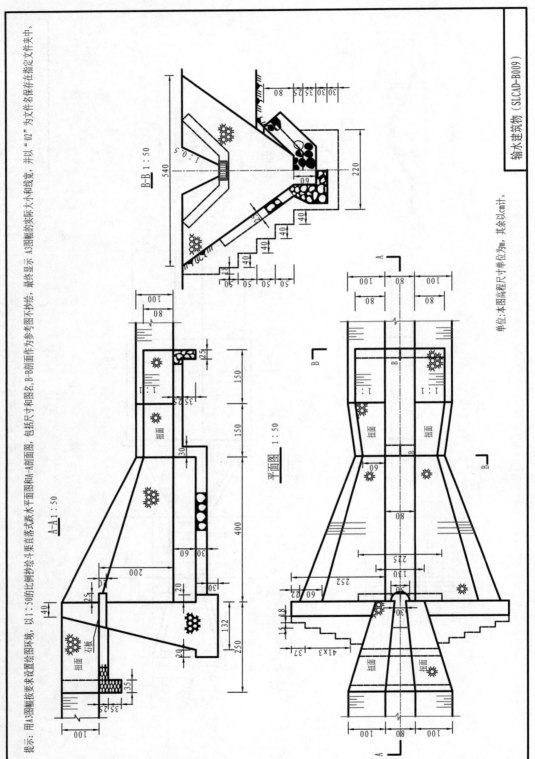

提示：用 A3 图幅按要求设置绘图环境，以 1∶50 的比例抄绘斗渠直落式跌水平面图和 A—A 剖面图，包括尺寸和图名，B—B 剖面图作为参考图不抄绘，最终显示 A3 图幅的实际大小和线宽，并以"02"为文件名保存在指定文件夹中。

单位：本图高程尺寸单位为 m，其余以 cm 计。

图 10.19　输水建筑物（SLCAD-B009）

输水建筑物（SLCAD-B009）

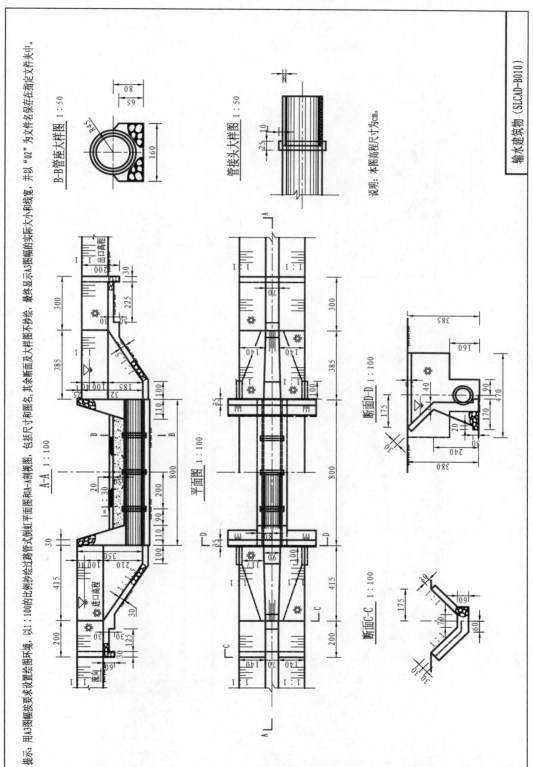

图 10.20 输水建筑物（SLCAD-B010）

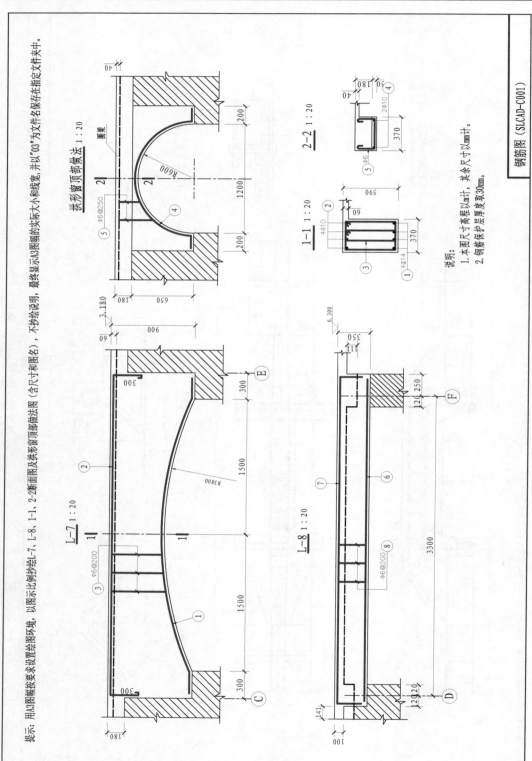

提示：用A3图幅按要求设置绘图环境，以图示比例抄绘L-7，L-8，1-1，2-2断面图及拱形窗顶部做法图（含尺寸和图名），不抄绘说明，最终显示A3图幅的实际大小和线宽，并以"03"为文件名保存在指定文件夹中。

拱形窗顶部做法 1：20

2-2 1：20

1-1 1：20

说明：
1. 本图尺寸高程以m计，其余尺寸以mm计。
2. 钢筋保护层厚度取30mm。

钢筋图（SLCAD-C001）

L-7 1：20

L-8 1：20

图 10.21 钢筋图（SLCAD－C001）

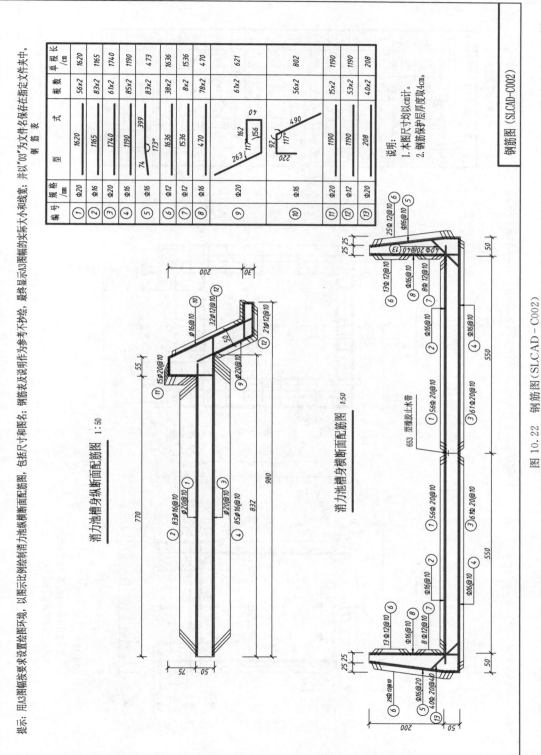

图 10.22　钢筋图(SLCAD－C002)

钢筋图(SLCAD－C002)

说明:
1. 本图尺寸均以cm计。
2. 钢筋保护层厚度取4cm。

提示: 用A3图幅按要求设置绘图环境, 以图示比例绘制消力池纵横断面配筋图, 包括尺寸图名; 钢筋表及说明作为参考不抄绘, 最终显示A3图幅的实际大小和线宽; 并以"03"为文件名保存在指定文件夹中。

钢 筋 表

提示：用A3图幅按要求设置绘图环境，以图示比例抄绘垮中截面配筋图及槽端截面配筋图。钢筋表及说明不抄，绘最终显示A3图幅前的实际大小和线宽，包括尺寸和图名。钢筋表及说明存放在指定文件夹中，并以"03"为文件名保存在指定文件夹中。

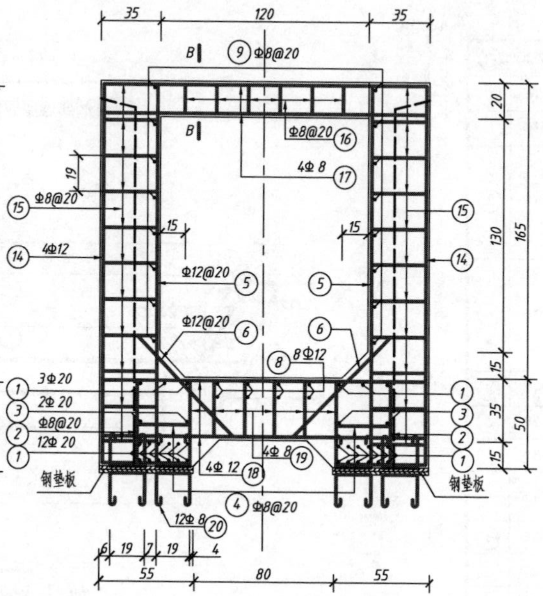

渡槽槽身截面配筋图

编号	型 式 /cm	直径 /㎜	单根长 /cm	根 数
①		Φ20	795	30
②		Φ8	795	82
③		Φ20	170	4
④		Φ20	795	82
⑤		Φ12	40	82
⑥		Φ12	225	82
⑦		Φ12	75	82
⑧		Φ12	160	8
⑨		Φ12	810	16
⑩		Φ8	805	8
⑪		Φ8	805	82
⑫		Φ8	70	36
⑬		Φ8	50	24
⑭		Φ12	160	8
⑮		Φ12	225	44
⑯		Φ8	100	8
⑰		Φ8	70	8
⑱		Φ12	200	8
⑲		Φ12	200	12
⑳		Φ8	100	48
		Φ8	60	

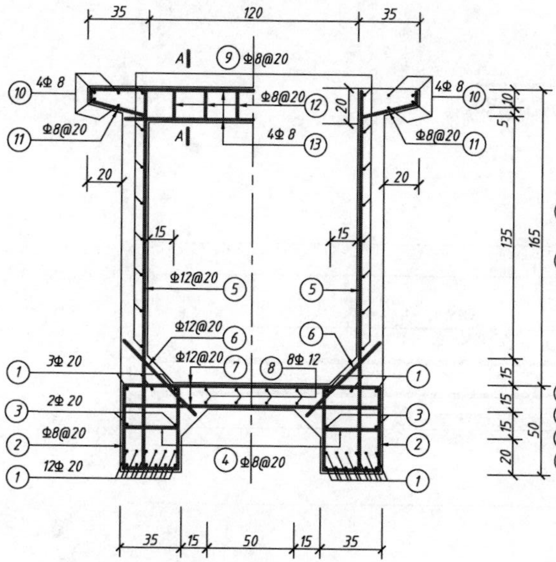

槽端截面配筋图 1:25

跨中截面配筋图 1:25

钢筋图（SLCAD-C003）

说明：
1.图中钢筋直径以㎜计，其余尺寸以cm计。
2.混凝土保护层的厚度为3.0cm。

图 10.23 钢筋图（SLCAD-C003）

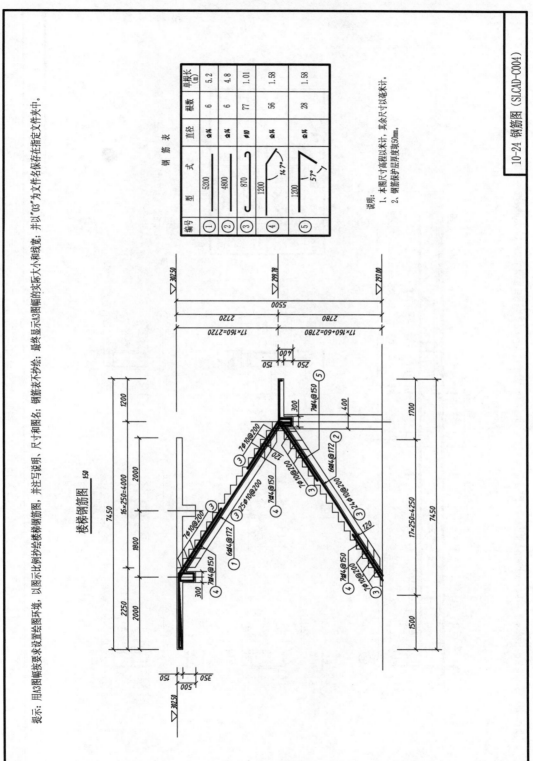

钢 筋 表

编号	型 式	直径	根数	单根长(m)
①	5200	Φ14	6	5.2
②	4800	Φ14	6	4.8
③	870 14.7°	Φ10	77	1.01
④	1200	Φ14	56	1.58
⑤	1200 57°	Φ14	28	1.58

10-24 钢筋图 (SLCAD-C004)

说明:
1. 本图尺寸高程以米计, 其余尺寸以毫米计。
2. 钢筋保护层厚度为50mm。

楼梯钢筋图 150

提示: 用A3图幅按要求设置绘图环境, 以图示比例抄绘楼梯钢筋图, 并注写说明、尺寸和图名; 钢筋表不抄绘; 最终显示A3图幅的实际大小和线宽, 并以"03"为文件名保存在指定文件夹中。

图 10.24 钢筋图 (SLCAD-C004)

提示：用A3图幅按要求设置绘图环境，以1∶25的比例抄绘钢筋混凝土梁立面图，以1∶20补绘钢筋混凝土梁断面图；钢筋表不抄绘；最终显示A3图幅的实际大小和线宽，并以"03"为文件名保存在指定文件夹中。

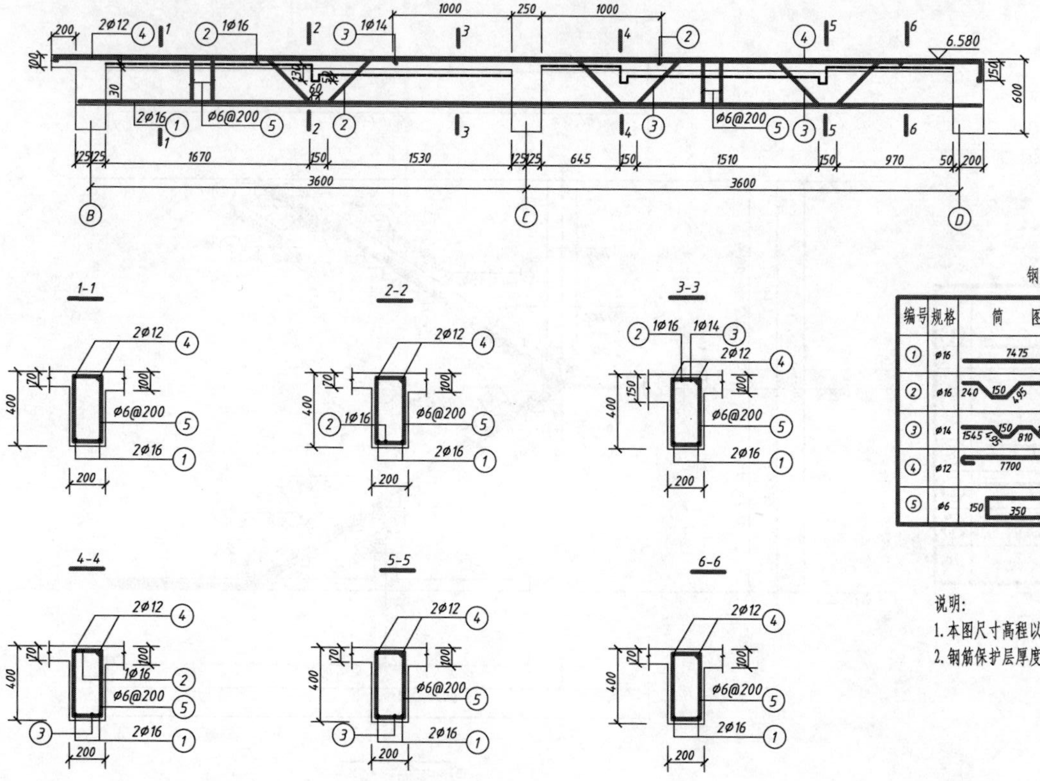

钢 筋 表

编号	规格	简图	长度/mm	根数	总长/m	重量/kg
①	⌀16	7475	7475	2	14.95	23.59
②	⌀16	240 150 495 2430	3810	1	3.81	6.01
③	⌀14	1545 495 150 810 150 240	4875	1	4.88	5.90
④	⌀12	7700 150	8000	2	16.00	14.21
⑤	⌀6	150 350 50	1100	34	37.40	8.30

说明：

1. 本图尺寸高程以m计，其余尺寸以mm计。
2. 钢筋保护层厚度取25mm。

钢筋图（SLCAD-C005）

图10.25 钢筋图(SLCAD-C005)

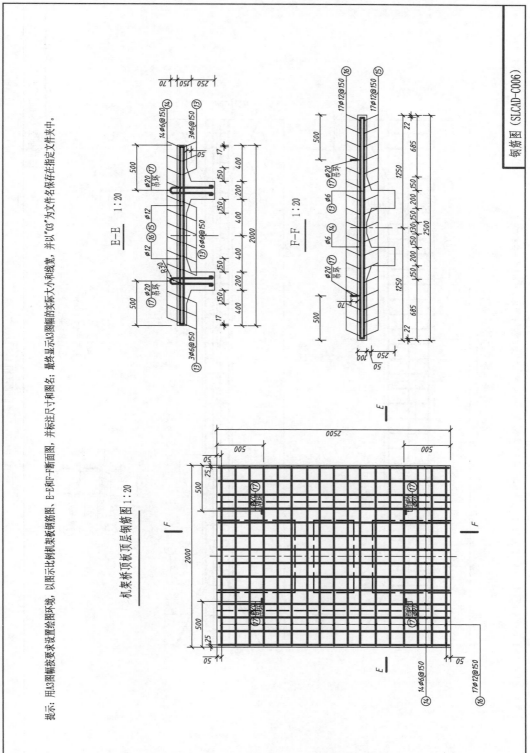

提示：用A3图幅按要求设置绘图环境，以图示比例绘制机架桥顶板钢筋图、E-E和F-F断面图，并标注尺寸和图名，最终显示A3图幅的实际大小和线宽，E-E图幅名的实际大小和线宽；最终显示A3图幅的实际大小和线宽，并以"03"为文件名保存在指定文件夹中。

机架桥顶板顶层钢筋图 1:20

E—E 1:20

F—F 1:20

钢筋图（SLCAD-C006）

图 10.26 钢筋图（SLCAD-C006）

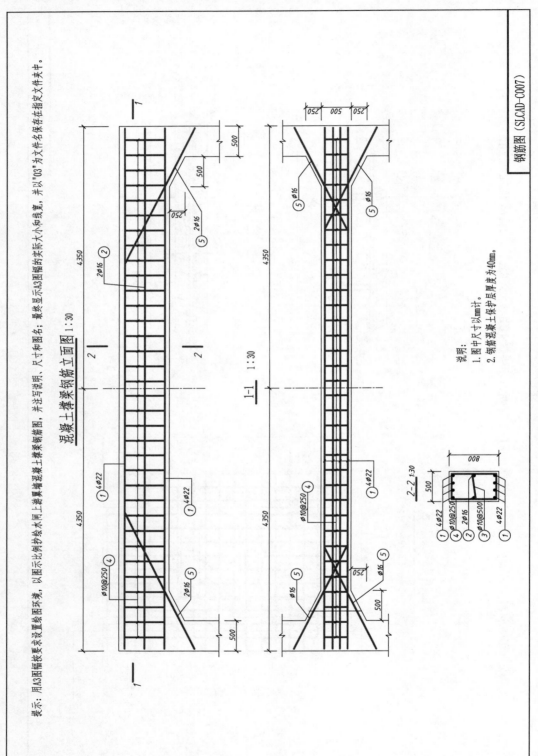

图 10.27　钢筋图 (SLCAD - C007)

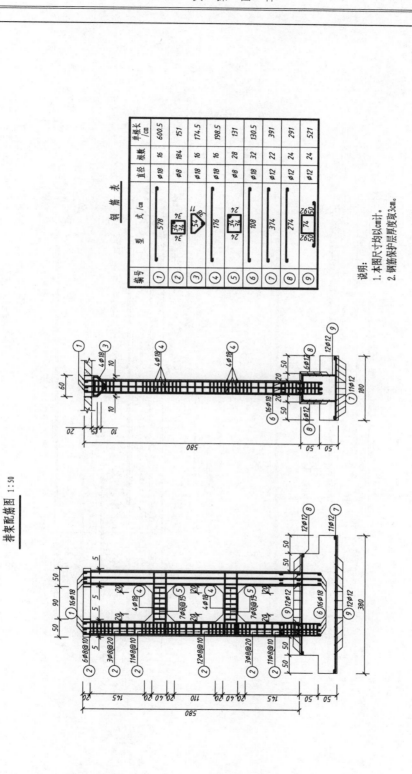

提示：用A3图幅按要求设置绘图环境，以图示比例绘排架配筋图，并注写说明、尺寸和图名；钢筋表不抄绘；最终显示A3图幅的实际大小和线宽，并以"03"为文件名保存在指定文件夹中。

图 10.28　钢筋图 (SLCAD-C008)

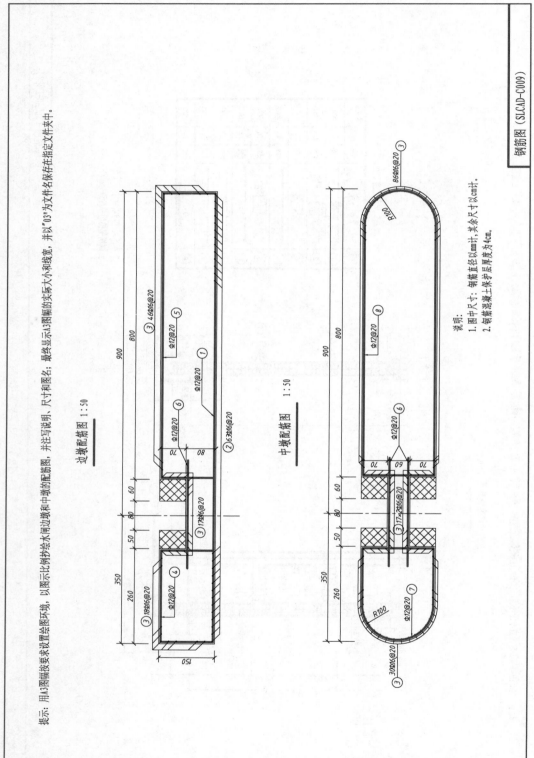

图 10. 29　钢筋图 (SLCAD－C009)

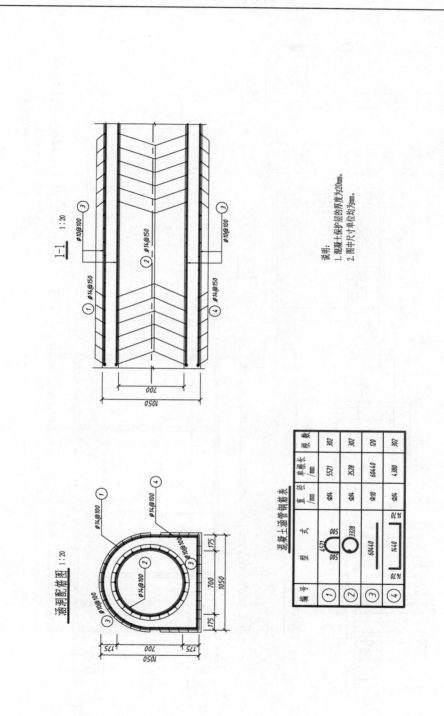

图 10.30　钢筋图（SLCAD－C010）

提示：用A3图幅按要求设置绘图环境，以图示比例抄绘涵洞配筋图、1-1断面图及钢筋表，并标注尺寸和图名；最终显示A3图幅的实际大小和线宽，并以"03"为文件名保存在指定文件夹中。

说明：
1. 混凝土保护层的厚度为20mm。
2. 图中尺寸单位均为mm。

钢筋图（SLCAD－C010）

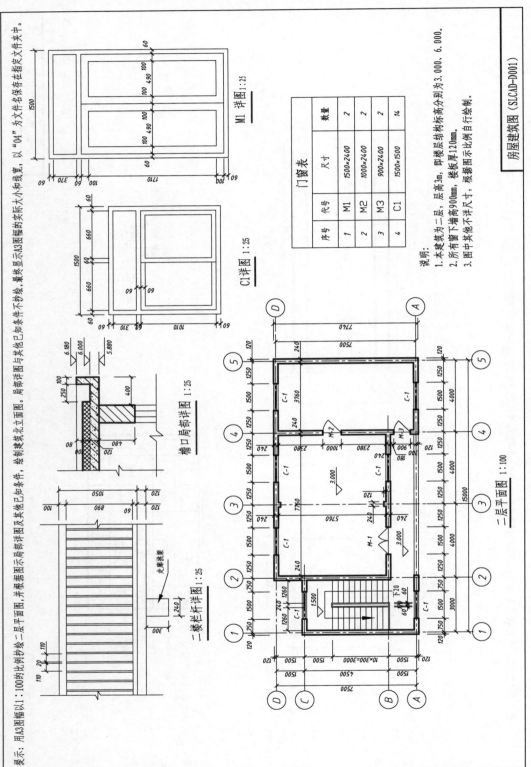

图 10.31 房屋建筑图（SLCAD - D001）

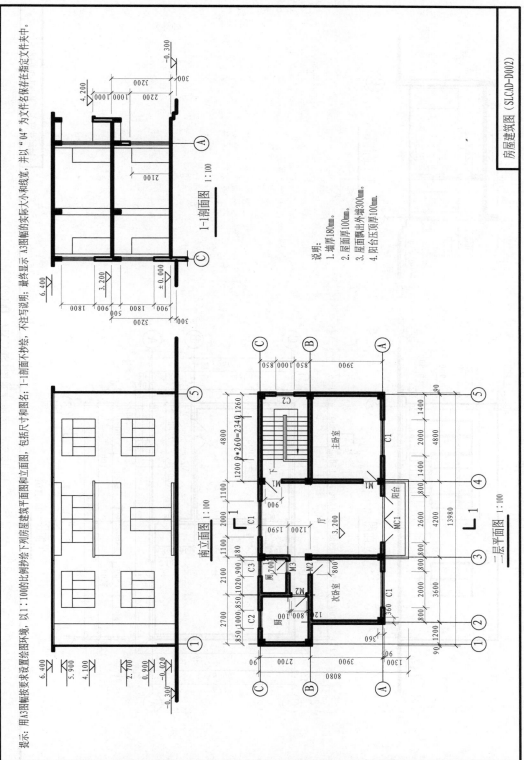

图 10.32 房屋建筑图(SLCAD-D002)

提示：用A3图幅按要求设置绘图环境，以1:100的比例抄绘下列房屋建筑平面图和立面图，包括尺寸和图名；1-1剖面不抄绘，不注写说明；最终显示A3图幅的实际大小和线宽，并以"04"为文件名保存在指定文件夹中。

说明：
1. 墙厚180mm。
2. 屋面厚100mm。
3. 屋面飘出外墙300mm。
4. 阳台压顶厚100mm。

1-1剖面图 1:100

南立面图 1:100

二层平面图 1:100

房屋建筑图(SLCAD-D002)

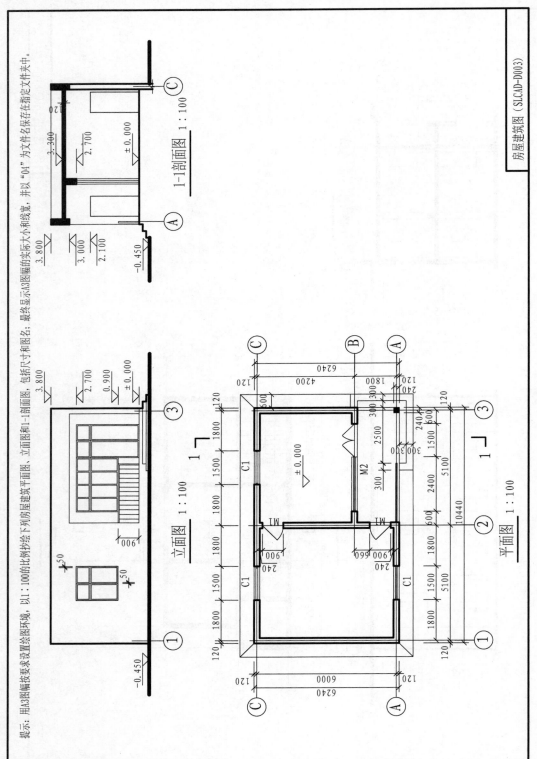

提示：用A3图幅按要求设置绘图环境，以1：100的比例抄绘下列房屋建筑平面图、立面图和1-1剖面图，包括尺寸和图名；最终显示A3图幅的实际大小和线宽，并以"04"为文件名保存在指定文件夹中。

1-1剖面图 1：100

立面图 1：100

平面图 1：100

房屋建筑图（SLCAD-D003）

图10.33 房屋建筑图（SLCAD-D003）

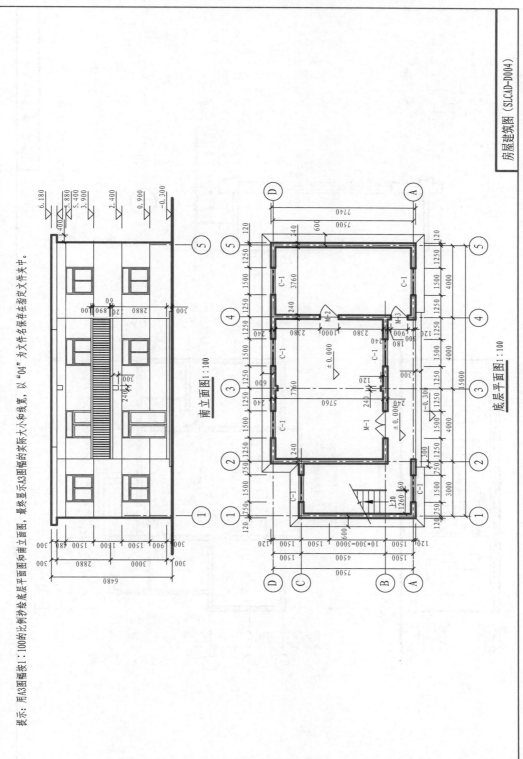

南立面图 1:100

底层平面图 1:100

提示: 用A3图幅按1:100的比例抄绘底层平面图和南立面图, 最终显示A3图幅时来际大小和线宽, 以 "04" 为文件名保存在指定文件夹中。

图 10.34　房屋建筑图 (SLCAD-D004)

房屋建筑图 (SLCAD-D004)

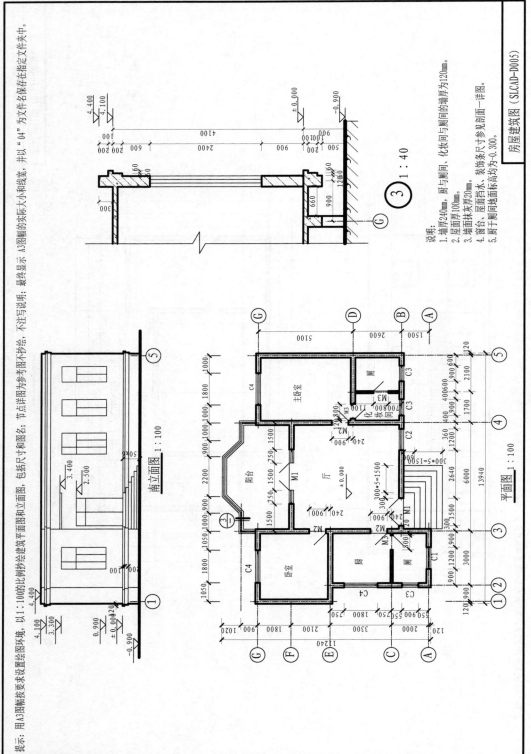

图 10.35　房屋建筑图（SLCAD – D005）

提示：用 A3 图幅按要求设置绘图环境，以 1∶100 的比例抄绘建筑平面图和立面图，包括尺寸和图名；节点详图为参考图不抄绘，不注写说明；最终显示 A3 图幅的实际大小和线宽，并以 "04" 为文件名保存在指定文件夹中。

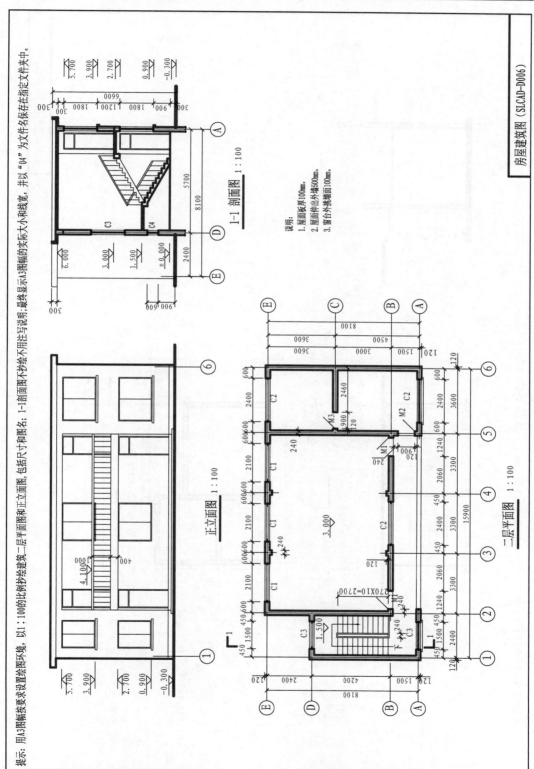

图 10.36 房屋建筑图 (SLCAD - D006)

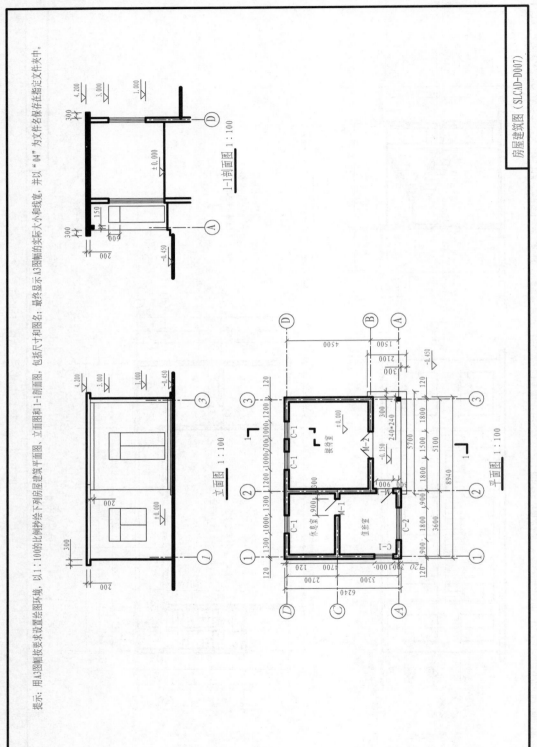

提示：用 A3 图幅按要求设置绘图环境，以 1：100 的比例抄绘下列房屋建筑平面图、立面图和 1-1 剖面图，包括尺寸和图名；最终显示 A3 图幅的实际大小和线宽，并以 "04" 为文件名保存在指定文件夹中。

房屋建筑图（SLCAD - D007）

图 10.37　房屋建筑图（SLCAD - D007）

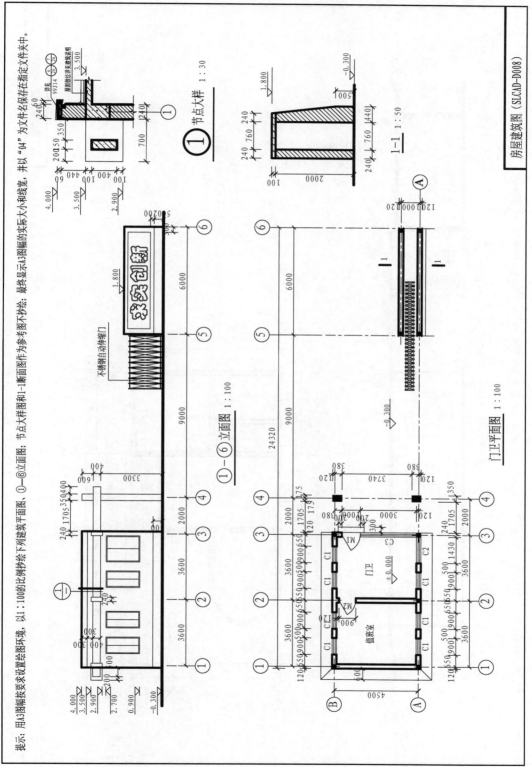

图 10.38　房屋建筑图 (SLCAD-D008)

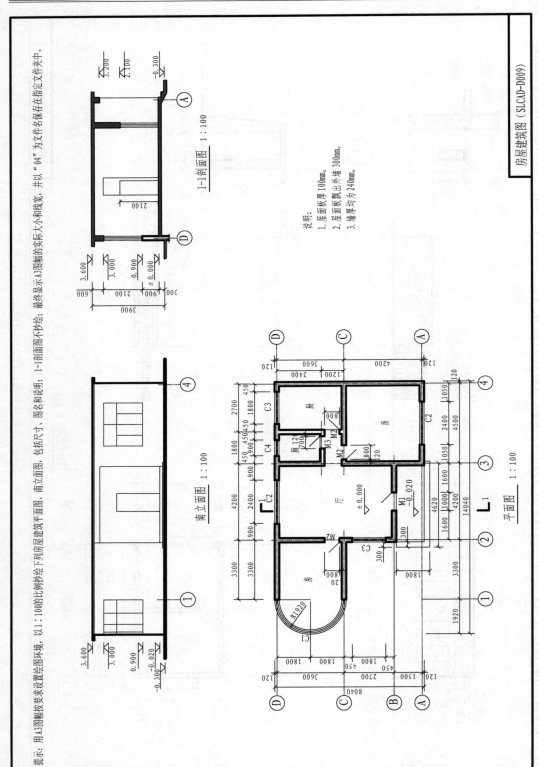

提示：用 A3 图幅按要求设置绘图环境，以 1：100 的比例抄绘下列房屋建筑平面图、南立面图，包括尺寸、图名和说明；1-1 剖面图不抄绘；最终显示 A3 图幅的实际大小和线宽，并以"04"为文件名保存在指定文件夹中。

说明：
1. 屋面板厚 100mm。
2. 屋面板飘出外墙 300mm。
3. 墙厚均为 240mm。

1-1 剖面图　1：100

南立面图　1：100

平面图　1：100

房屋建筑图 (SLCAD - D009)

图 10.39　房屋建筑图 (SLCAD - D009)

提示：用 A3 图幅按要求设置绘图环境，以 1∶100 的比例抄绘下列建筑平面图、立面图，包括尺寸和图名；最终显示 A3 图幅的实际大小和线宽，并以 "04" 为文件名保存在指定文件夹中。

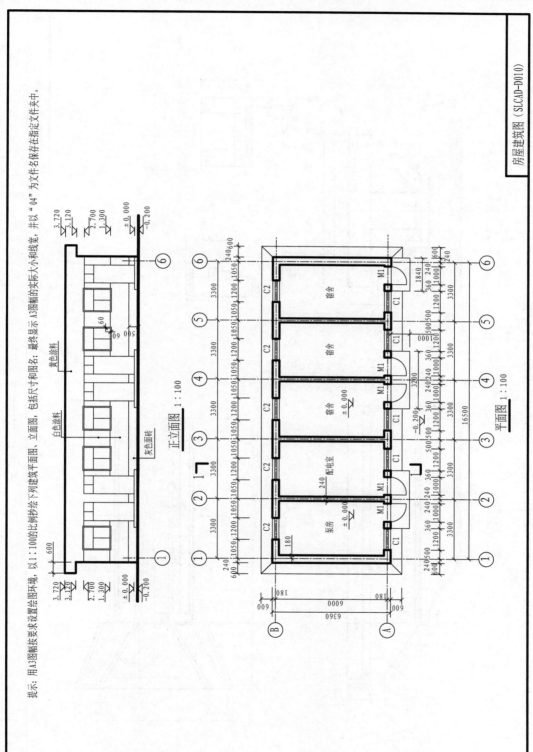

图 10.40　房屋建筑图（SLCAD-D010）

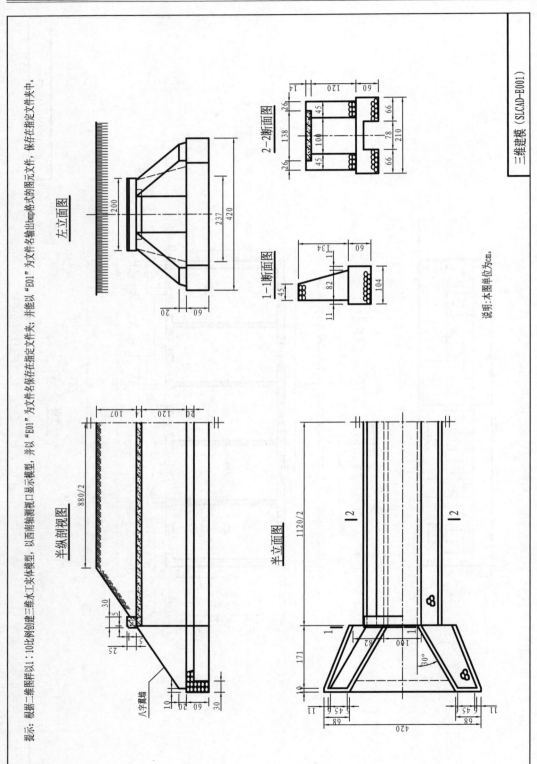

图 10.41 三维建模 (SLCAD-E001)

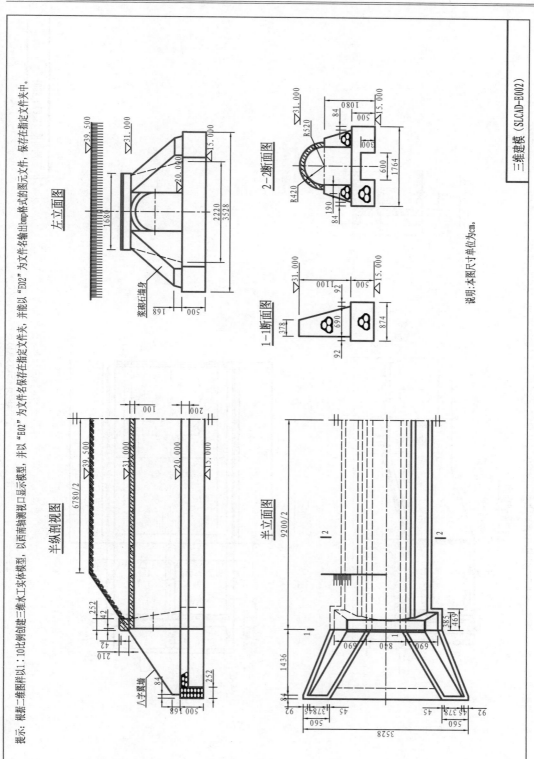

图 10.42 三维建模 (SLCAD - E002)

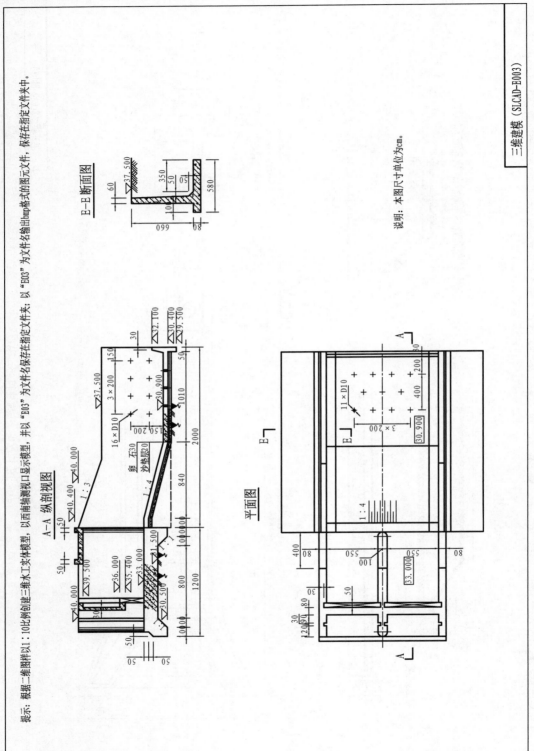

图 10.43   三维建模 (SLCAD – E003)

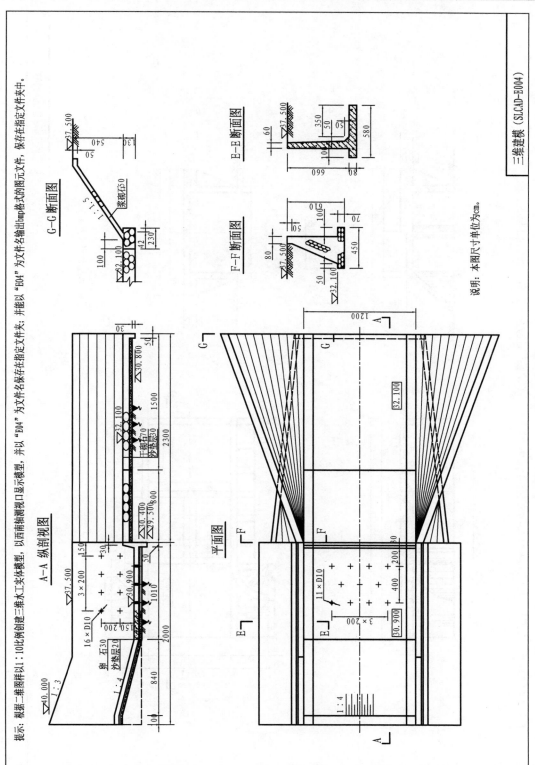

图 10.44　三维建模（SLCAD－E004）

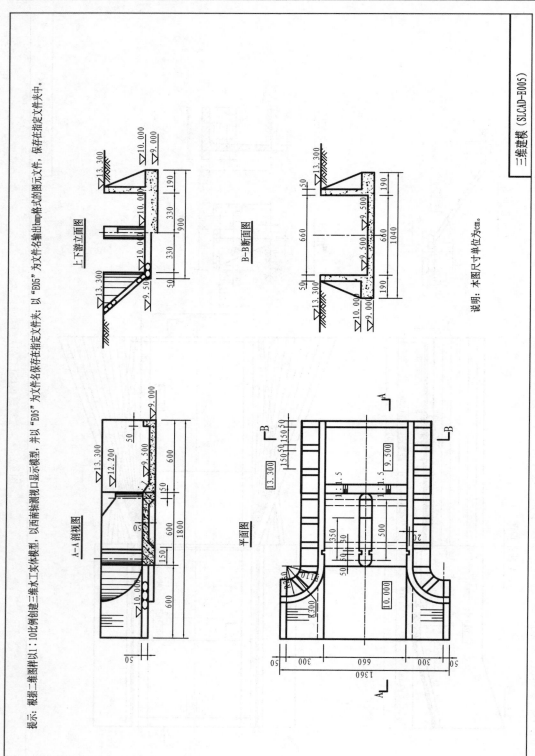

图 10.45 三维建模(SLCAD – E005)

提示: 根据二维图样以1∶10比例创建三维水工实体模型, 以西南轴测观视口显示模型, 并以 "E005" 为文件名输出DWG格式的图元文件, 保存在指定文件夹中; 以 "E005" 为文件名保存在指定文件夹中。

说明: 本图尺寸单位为cm。

三维建模(SLCAD-E005)

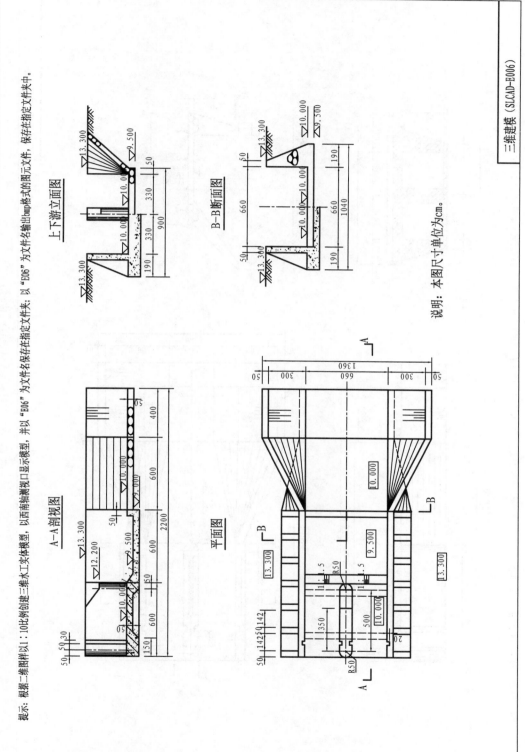

提示：根据二维图样以1：10比例创建三维水工实体模型，以西南轴测观观口显示模型，并以"E06"为文件名输出bmp格式的图元文件，保存在指定文件夹中；以"E06"为文件名输出图出bmp格式的图元文件，保存在指定文件夹中。

上下游立面图

B—B断面图

说明：本图尺寸单位为cm。

A—A剖视图

平面图

图10.46 三维建模（SLCAD-E006）

三维建模（SLCAD-E006）

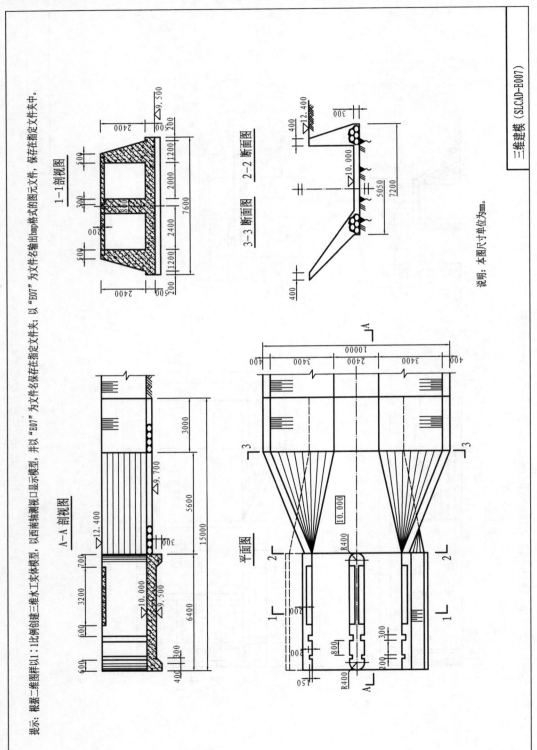

提示：根据二维图样以1：1比例创建三维水工实体模型，以西南轴测视图显示模型，并以"E07"为文件名输出titerm格式的图元文件，保存在指定文件夹中。

三维建模（SLCAD-E007）

说明：本图尺寸单位为mm。

图10.47　三维建模（SLCAD-E007）

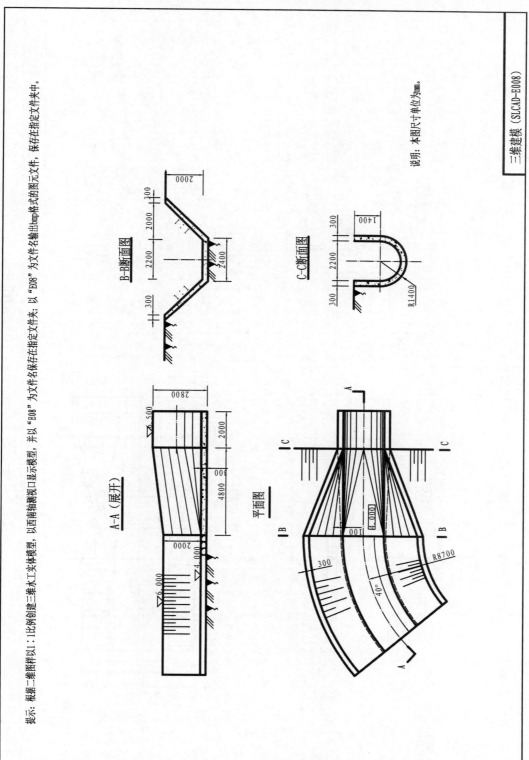

提示：根据二维图样以1：1比例创建三维水工实体模型，以西南轴测剖切口显示模型，并以"E08"为文件名输出bmp格式的图元文件，保存在指定文件夹中；以"E08"为文件名保存在指定文件夹中。

说明：本图尺寸单位为mm。

B-B断面图

C-C断面图

A-A（展开）

平面图

三维建模（SLCAD-E008）

图 10.48 三维建模（SLCAD-E008）

提示：根据二维图样以1：1比例创建三维水工实体模型，以西南轴测测视口显示模型，并以"E09"为文件名输出dwg格式的图元文件，保存在指定文件夹中。以"E09"为文件名保存在指定文件夹类。

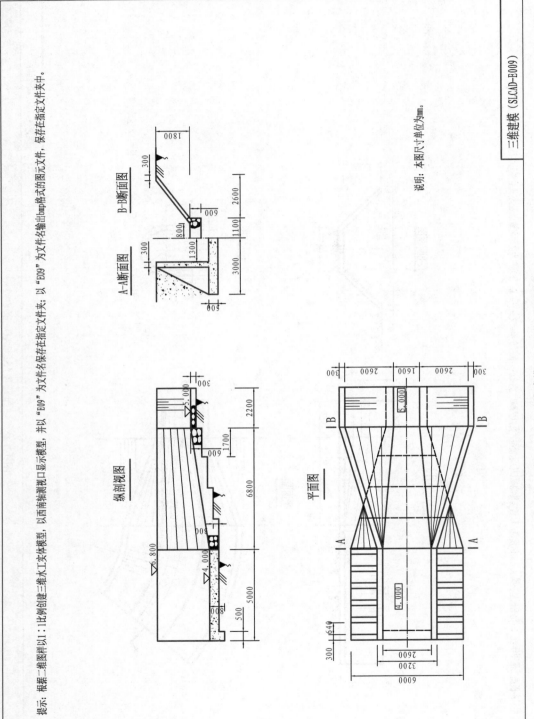

A-A断面图　　B-B断面图

纵剖视图

平面图

说明：本图尺寸单位为mm。

图10.49　三维建模（SLCAD－E009）

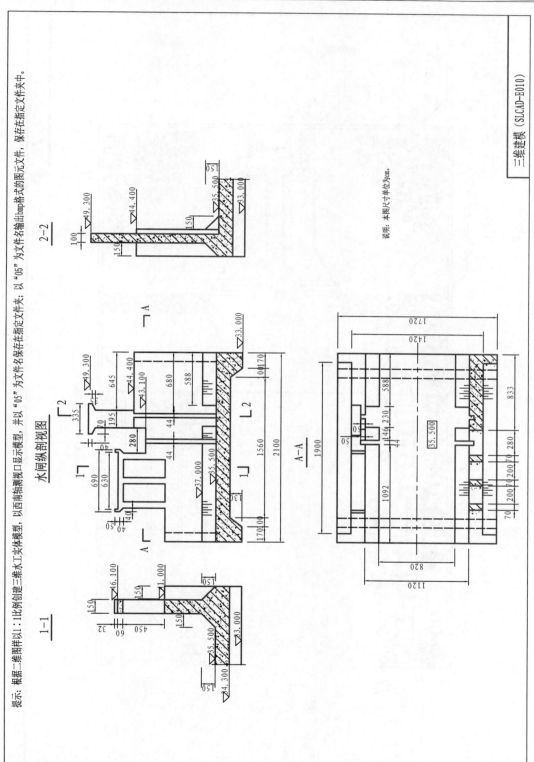

图 10.50 三维建模（SLCAD-E010）

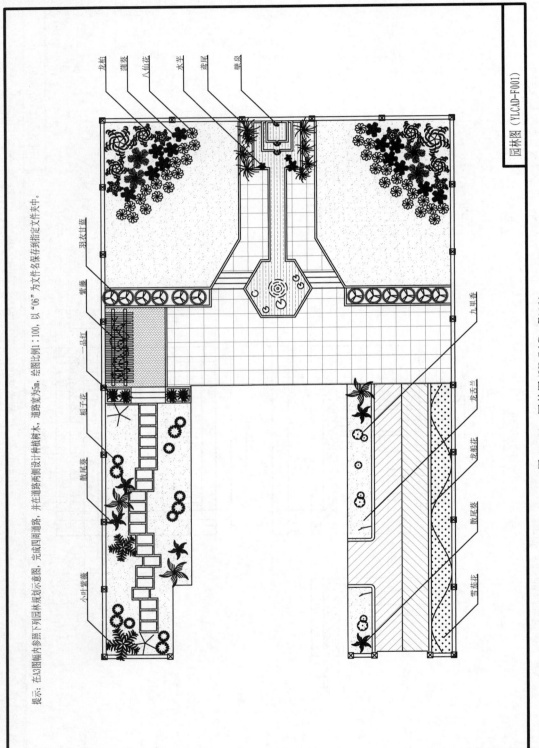

提示：在A3图幅内参照下列园林规划示意图，完成四周道路，并在道路两侧新设计种植树木，道路宽为8m。绘图比例：100，以"06"为文件名保存到指定文件夹中。

图 10.51　园林图 (YLCAD - F001)

园林图 (YLCAD-F001)

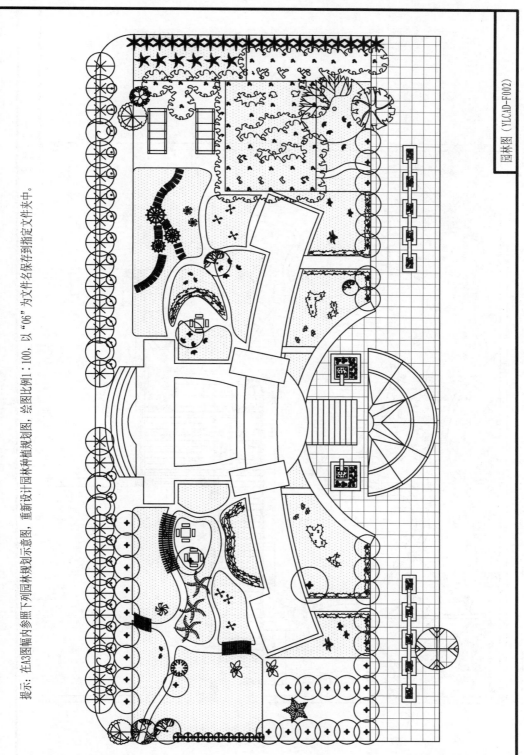

提示：在A3图幅内参照下列园林规划示意图，重新设计园林种植规划图，绘图比例1：100，以 "06" 为文件名保存到指定文件夹中。

园林图（YLCAD-F002）

图 10.52 园林图（YLCAD – F002）

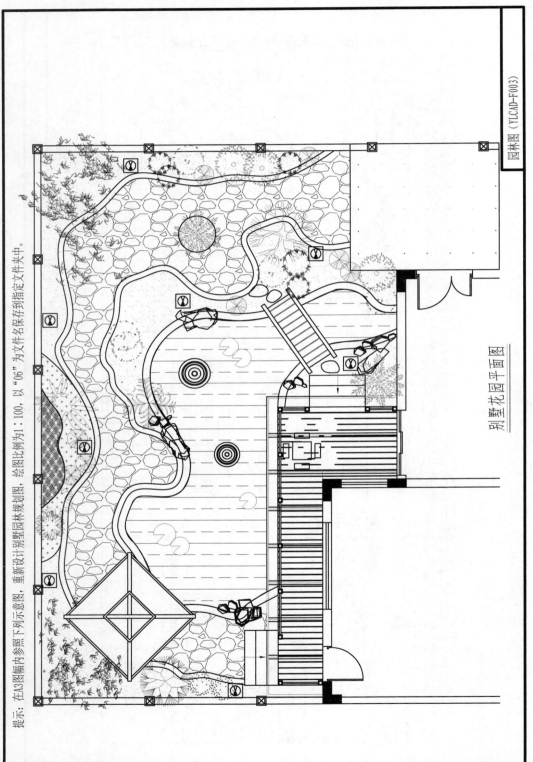

提示：在13图幅内参照下列示意图，重新设计别墅园林规划图，绘图比例为1：100，以 "06" 为文件名保存到指定文件夹中。

别墅龙园平面图

园林图（YLCAD－F003）

图 10.53　园林图

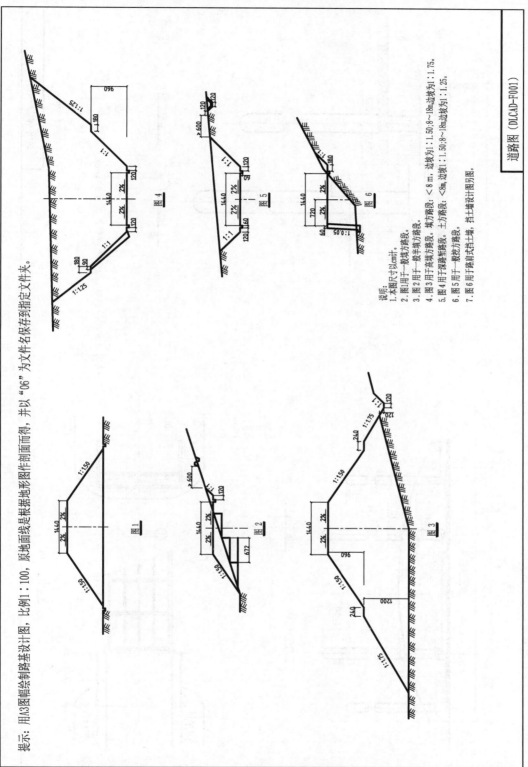

图 10.54 道路图(DLCAD-F001)

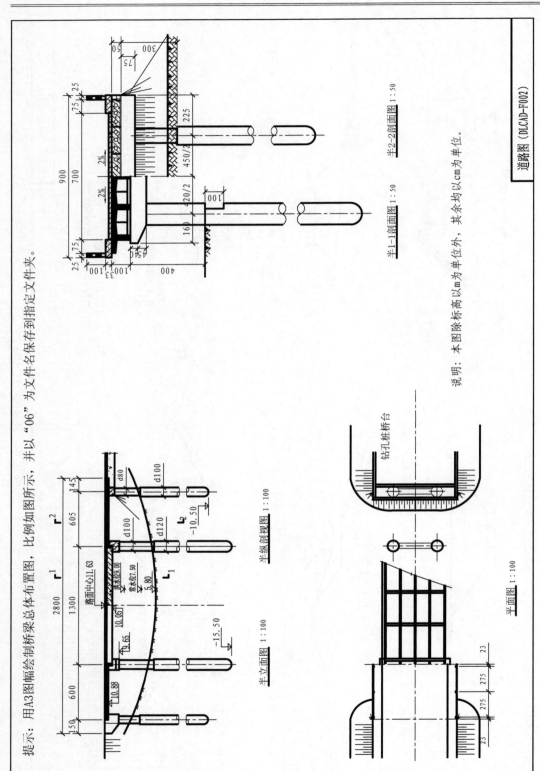

提示：用A3图幅绘制桥梁总体布置图，比例如图所示，并以"06"为文件名保存到指定文件夹。

说　明：本图除标高以m为单位外，其余均以cm为单位。

图10.55　道路图(DLCAD-F002)

提示：用A3图幅绘制钢筋混凝土圆管涵洞洞结构图，比例自定，并以"06"为文件名保存到指定文件夹。

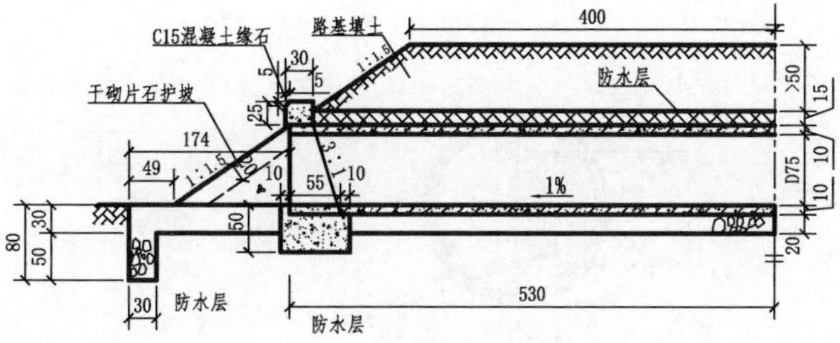

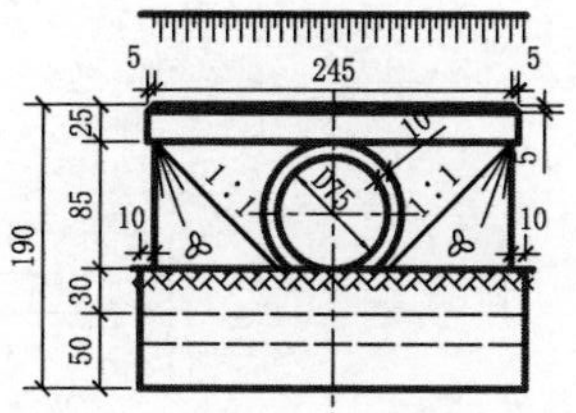

洞口正面图

半纵剖面图

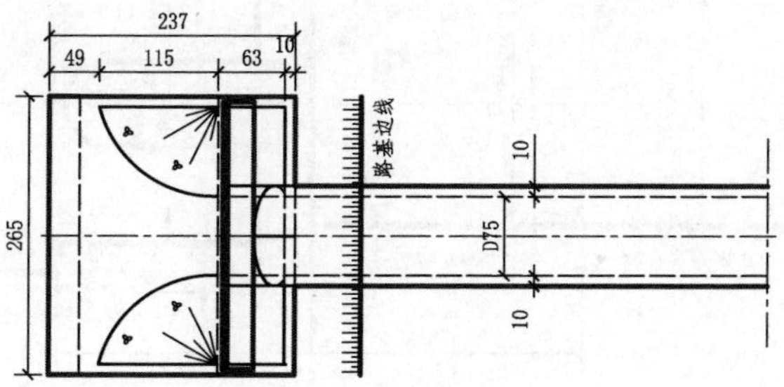

半平面图

洞口工程数量表（一端）

管径	工程数量/m³			
	C15混凝土缘石	M2.5砂浆砌片石墙身	M2.5砂浆砌片石基础	干砌片石护坡
75	0.191	0.552	2.200	0.275

说明：图中尺寸单位以cm为单位。

道路图（DLCAD-F003）

图 10.56　道路图（DLCAD–F003）

提示：用A4图幅绘制传动轴的零件图，比例：1:1，材料：45（优质碳素结构钢），数量：2，并以"06"为文件名保存到指定文件夹。

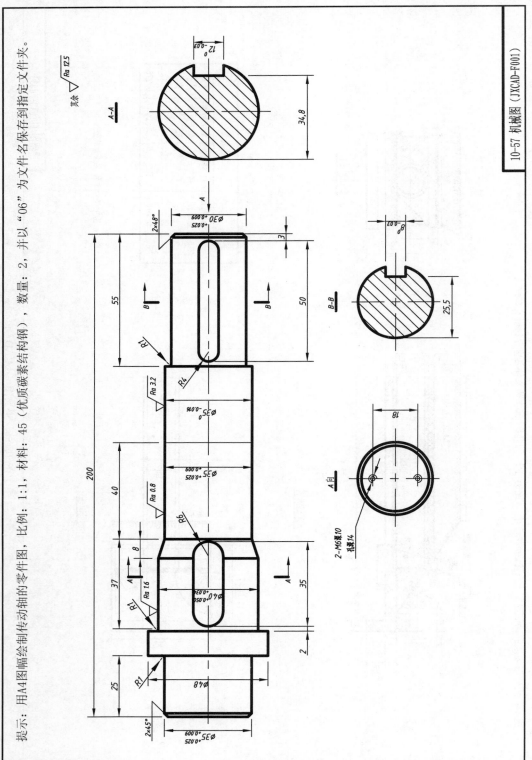

10-57 机械图（JXCAD-F001）

图 10.57 机械图（JXCAD－F001）

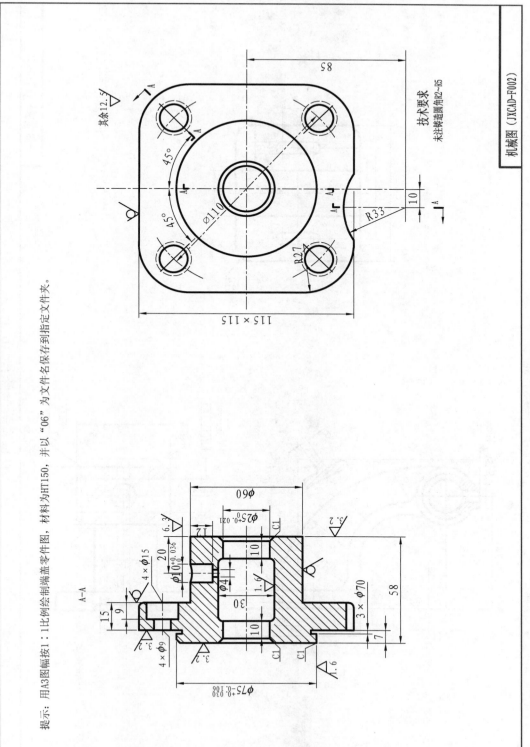

提示：用A3图幅按1：1比例绘制端盖零件图，材料为HT150，并以"06"为文件名保存到指定文件夹。

图 10.58 机械图（JXCAD－F002）

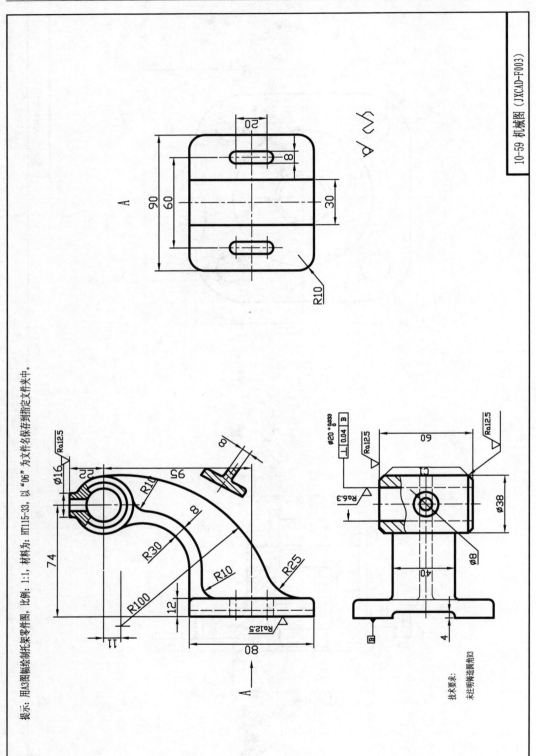

图 10.59　机械图（JXCAD‑F003）

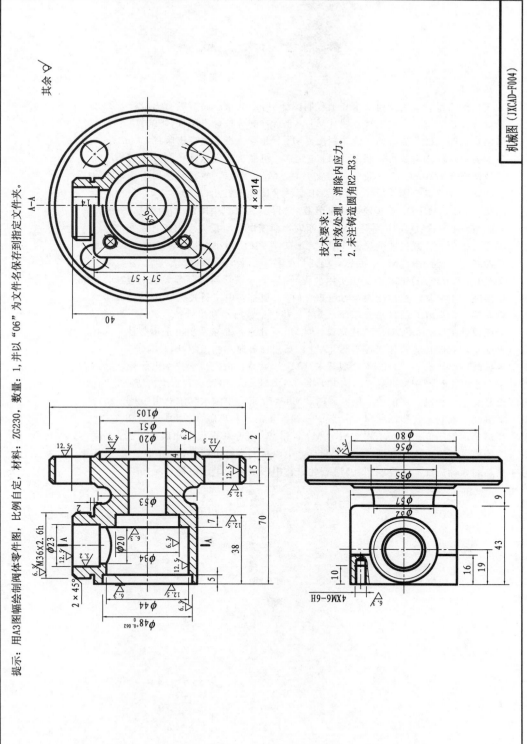

技术要求:
1. 时效处理,消除内应力。
2. 未注铸造圆角R2~R3。

其余 ∇

提示: 用A3图幅绘制阀体零件图,比例自定,材料: ZG230, 数量: 1, 并以"06"为文件名保存到指定文件夹。

图 10.60 机械图(JXCAD – F004)

参 考 文 献

［1］ 方庆，徐约素．画法几何及水利工程制图［M］．北京：高等教育出版社，2000.

［2］ 孙世青，曾令宜．水利工程制图［M］．北京：高等教育出版社，2001.

［3］ 何铭新，郎宝敏，陈星铭．建筑制图［M］．北京：高等教育出版社，2001.

［4］ 王兰美．画法几何及工程制图［M］．北京：机械工业出版社，2002.

［5］ 成教研究所．AutoCAD标准认证培训教材［M］．北京：教育科学出版社，2004.

［6］ 樊振旺．计算机绘图［M］．太原：山西科学技术出版社，2004.

［7］ 胡韬．AutoCAD2005工程绘图标准教程［M］．北京：中国电力出版社，2005.

［8］ 邱志慧．AutoCAD实用教程［M］．西安：西安电子科技大学出版社，2005.

［9］ 姜勇，张生．计算机辅助设计［M］．北京：人民邮电出版社，2006.

［10］ 樊振旺．工程制图［M］．太原：山西科学技术出版社，2006.

［11］ 樊振旺．AutoCAD2006中文版实用教程［M］．重庆：西南师范大学出版社，2006.

［12］ 樊振旺，王兴华．机械制图及习题集［M］．成都：电子科技大学出版社，2007.

［13］ 杨向黎，李高峰．园林AutoCAD［M］．郑州：黄河水利出版社，2010.

［14］ 云杰设计室．AutoCAD2010建筑设计［M］．北京：北京希望电子出版社，2010.

［15］ 李随文，刘成达．园林工程制图［M］．郑州：黄河水利出版社，2010.

［16］ 樊振旺，樊培利．CAD工程绘图技术［M］．太原：山西科学技术出版社，2011.

［17］ 水利水电工程制图标准（SL 73—2013）［S］．北京：中国水利水电出版社，2013.

［18］ 王喜仓，于利民，许淑珍．机械制图［M］．北京：中国水利水电出版社，2013.

［19］ 樊振旺．水利工程制图［M］．2版．郑州：黄河水利出版社，2015.

［20］ 高恒聚，王小广．道路工程CAD［M］．北京：北京邮电大学出版社，2015.

［21］ 李艳敏，赵军．机械制图［M］．北京：中国水利水电出版社，2016.

［22］ 樊培利，樊振旺．工程制图［M］．北京：中国水利水电出版社，2016.